しくみ
図解

ボイラー技士の
仕事が一番わかる

ボイラーの種類や構造を理解し
ボイラー技士の業務内容を知る

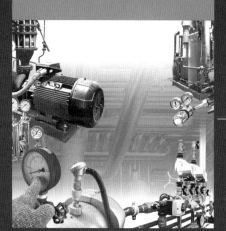

飯島晃良 著

技術評論社

　近代産業の発展とともに、ボイラーは多岐にわたる分野での基盤技術としての位置づけを確立してきました。この装置が単なる「蒸気をつくるもの」という認識を超え、私たちの生活や産業活動に深く浸透していることに、多くの方々が気づいていないかもしれません。

　ボイラー技術は、単に工業的な観点からだけでなく、環境や持続可能性の観点からも非常に重要です。エネルギー効率の向上、再生可能エネルギーとの統合や低排出技術の開発など、ボイラーの進化は、21世紀のエネルギー問題の解決をリードしています。

　ボイラー技術は、時代とともに変遷してきましたが、中核となる価値観や考え方は変わっていません。それは、効率的かつ安全にエネルギーを提供するという基本的な目的に基づいています。近年では、デジタル技術やIoTの導入により、ボイラーの運用や管理が大きく変化してきています。こうした最新のテクノロジーとの融合によるエネルギー変換の革新を実現するうえでも、ボイラー技術の更なる発展に期待されます。

　本書ではボイラー技士の業務を通して、ボイラーの基本的なしくみ、使用される材料、設計の原理、保守・メンテナンスの方法まで、幅広く解説しています。初心者の方はもちろん、既にボイラーに関連する仕事をしている専門家の方にも、新たな視点や知識を提供できる内容となっています。また、学生の方々がこの分野に興味を持ち、ボイラー技術の更なる発展に将来的に寄与してくださることを心から願っています。多くの技術やシステムは、予想以上にボイラー技術とつながっています。

　本書を通して、その深い関係性やつながりを感じ取っていただけることを期待しています。

飯島　晃良

# ボイラー技士の仕事が一番わかる

## 目次

## 第**6**章 関係法令 ・・・・・・・・・・・・115

## 第**7**章 ボイラー技士の仕事 ・・・・・・・・・・・・129

◆ **コラム | 目次**

# CONTENTS

# 第 1 章

# ボイラーの基本

　ボイラーは、水を加熱して蒸気を発生させる装置です。燃料を燃やして発生させた熱を、水に伝えて加熱することで、水は蒸気に変化します。ボイラーは、工場や建物などで暖房や発電などに使用されており、さまざまな種類があります。

# ボイラーの構成

## ●水から温水や蒸気を発生させる

ボイラーは、図 1-1-1 に示すように、燃料の燃焼で得られる熱エネルギーを流体（水）に伝えて、水から温水や蒸気を発生させる装置です。燃料を燃焼させる燃焼室である「炉（火炉）」、水を加熱・蒸発させる本体部分となるボイラー本体、その他の付属装置から構成されます。

図 1-1-1　ボイラーの基本構成

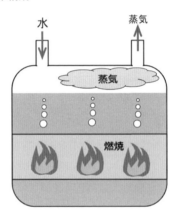

### 💧 水を加熱する

水から温水や蒸気を発生させるには、水を加熱する必要があります。水は加熱されると、分子の運動エネルギーが増加し、水分子同士の引力が弱まって膨張します。この膨張した水が蒸気として発生します。温水を発生させる場合は、水を沸点未満の温度に加熱することで行います。加熱された水は膨張しますが、沸点に達する前には蒸気になりません。このように、水から温水や蒸気を発生させるには、適切な温度まで加熱する必要があります。

# 1-2 炉（火炉）

## ●燃焼室

　炉は、燃料を燃焼させることで熱を発生させる部分です。燃料には気体燃料、液体燃料、固体燃料が用いられるため、燃料の形態に応じて、適正な燃焼装置（バーナーなど）を備えています。

　燃焼装置で吹き込まれた燃料は、速やかに着火し、燃料を完全燃焼させるために必要な空気を取り込みながら燃焼する必要があります。この着火と燃焼を行う空間部分を**燃焼室**と呼びます。炉で発生させた熱を用いてボイラー本体で水を加熱するため、炉はボイラー本体と一体となっていることが多いです。

図 1-2-1　ガス・バーナーの燃焼

# ボイラー本体

　燃焼室で発生した熱を受けて、内部にある水を加熱して、所定の圧力の蒸気や温水を発生させる部分を**ボイラー本体**と呼びます。水や蒸気に伝えるための熱を受けとる部分を**伝熱面**と呼びます。伝熱面は、以下の2つに大別されます。

## ●放射伝熱面

　燃焼室（火炎の発生場所）に直面している伝熱面を**放射伝熱面**と呼びます。火炎からは強い熱放射があり、放射伝熱面はこの放射熱を受けます。

## ●接触（対流）伝熱面

　燃焼が終わると強い放射熱は発生しなくなりますが、燃焼によって放出された熱によって高温な燃焼ガスが発生します。この高温なガスから対流伝熱（熱伝達）によって熱を受け取る伝熱面を、**接触（対流）伝熱面**と呼びます。

---

**！ 伝熱面**

　伝熱面は、熱が伝わるための表面のことを指します。例えば、ボイラーや冷却器、熱交換器などの装置の中で、熱が伝わるために設置されている表面です。伝熱面は、表面積を増やして熱伝達を向上させることで、効率的な熱交換を実現します。伝熱面には、平板状の板や管、フィンなどがあり、形状や材質などは、熱源や使用目的に応じて選択されます。また、伝熱面の清掃やメンテナンスは、熱交換の効率を保つためにも重要です。伝熱面は、熱工学や化学工学などの分野において重要な役割を果たしています。

---

# 1-4 ボイラーの容量と効率

　ボイラーは、温水や蒸気などの高温な流体を発生させる装置です。つまり、ボイラーに求められる最も基本的な性能は、「決められた時間内でどれだけの蒸気または温水をつくれるか」および「与えた熱がどれだけ有効に蒸気や温水をつくるのに使用されたか」の2つです。そのため、ボイラーの基本性能は、ボイラーの容量（能力）とボイラーの効率で表されます。

## ●ボイラーの容量

　ボイラーの容量は、最大連続負荷の状態で、1時間あたりに発生する蒸気の質量（蒸気量）$G$〔kg/h〕で表されます。ただし、ボイラーで蒸気を発生する際に必要な熱量は、蒸気の圧力、温度、給水温度によって異なるため、蒸気量が異なる条件でのボイラーの容量を比較できません。そのため、次に示す**換算蒸気量** $Ge$ で示されることもあります。

　換算蒸気量とは、実際に給水から蒸気を発生させるのに要した熱量 $Q$ を、1 atm（1気圧）において1 kgの飽和水を乾き飽和蒸気にするのに必要な熱量 $r = h" - h'$ で割ったものです（飽和水とは、沸点に達した瞬間の水のことです。つまり100℃の飽和水を100℃の乾き飽和蒸気にするのに必要な熱量と同じ意味です）。

　1 atmにおいて、1 kgの飽和水を乾き飽和蒸気にするのに必要な熱量 $q = r = h_2 - h_1 = h" - h' = 2676 - 419 = 2,257$ kJ/kg です。

　実際の加熱量 $Q$ は、実際の蒸気量 $G$ にボイラーの出口と入口のエンタルピー差（$h_2 - h_1$）を掛けたものです。

$$Q = G (h_2 - h_1)$$

よって、換算蒸気量は次のように求められます。

$$G_e = \frac{\text{実際の加熱量 } Q}{\text{1atm での蒸発熱}} = \frac{G(h_2 - h_1)}{2257} \ [\text{kg/h}]$$

●ボイラーの効率

ボイラーの効率 $\eta$ は、ボイラーに投入した熱エネルギー（全供給熱量）に対して、実際に水の加熱に使われたエネルギーの割合を指すものです。

水の加熱に使われたエネルギーは、前記の $Q = G(h_2 - h_1)$ のことです。

全供給熱量は、燃料消費量 $F$〔kg/h〕に燃料の低位発熱量 $H_l$〔kJ/kg〕を掛けたものです。

$$\eta = \frac{\text{実際の加熱量 } Q}{\text{全供給熱量}} = \frac{G(h_2 - h_1)}{FH_l} \times 100 \ [\%]$$

> ❗ ボイラー容量と効率
>
> ボイラーの容量は、ボイラーが発生させる蒸気や温水の量を表します。ボイラーの容量は、使用目的や必要な熱量に応じて選択されます。一方、効率は、燃料の熱エネルギーをボイラーに取り込んで発生した熱エネルギーのうち、実際に利用できるエネルギーの割合を示します。つまり、熱損失が少なく、燃料の消費量が少ないボイラーほど効率が良くなります。ボイラーの容量や効率は、熱効率などの指標を用いて評価されます。また、効率を向上させるためには、適切な保守管理や運転方法、省エネルギー対策などが必要です。ボイラーは、私たちの生活や産業に欠かせない装置の1つであり、安全性や効率性が求められます。

# 第 2 章

# ボイラーの構造

　ボイラーの構造は、燃焼室、伝熱面、排気部などから構成されています。燃料供給装置や水補給装置、制御装置もあります。ボイラーは、熱源として多くの分野で使用されており、その構造は使用目的や効率性などに合わせて選択されます。

# 2 -1 ボイラーの分類

## ●代表的なボイラーの分類

　現在広く使用されているボイラーの構造の分類を表2-1-1にまとめます。丸ボイラーは、構造がシンプルで保水量（ボイラー内で保有している水の量）が多いことが特徴です。保水量が多いために、加熱するのに時間がかかります。水管ボイラーは、保水量が少なく起動時間が短いことが特徴です。その代わり、負荷の変化により圧力が変動しやすいため、運転時には適正に制御することが必要です。水管ボイラーは、高圧での用途に用いられます。

　なお、ボイラーは燃料を燃焼し、水を加熱して蒸気をつくる装置ですが、燃料の種類によって、重油、灯油などを燃料とする**油焚きボイラー**、天然ガスやLPガスなどを燃料とする**ガス焚きボイラー**に区分されます。

表 2-1-1　ボイラーの分類

| ボイラーの分類 | 種類 | 特徴 |
|---|---|---|
| 丸ボイラー | 立てボイラー<br>立て煙管ボイラー | 構造がシンプル。<br>保水量が多い。<br>加熱に時間がかかる。<br>効率が悪い。 |
| | 炉筒ボイラー | |
| | 煙管ボイラー | |
| | 炉筒煙管ボイラー | |
| 水管ボイラー | 自然循環式水管ボイラー | 高圧の蒸気をつくれる。<br>保水量が少ない。 |
| | 強制循環式水管ボイラー | |
| | 貫流式ボイラー | |
| 鋳鉄製ボイラー | 鋳鉄製ボイラー | 暖房用低圧蒸気、温水発生に用いられる。<br>高圧には向かない。 |
| 特殊ボイラー | 廃熱ボイラー | |
| | 特殊燃料ボイラー | |
| | 熱媒ボイラー | |

# 2-2 丸ボイラー

## ●丸ボイラーの特徴

丸ボイラーは、大きな径の胴の中に、炉筒（燃焼室）、火室、煙管などを設けたボイラーです。炉を胴内に設けた内焚き式と、炉を胴外に設けた外焚き式があります。丸ボイラーは、以下に分けられます。

（1）立てボイラー、立て煙管ボイラー
（2）炉筒ボイラー
（3）煙管ボイラー
（4）炉筒煙管ボイラー

丸ボイラーは、2-3節で説明する水管ボイラーに比べて、一般的に次の特徴を持ちます。

・構造がシンプルで、設備費が安く、取り扱いも容易である。
・胴が大きいため、高圧での用途には向かない（主に圧力 1.0 MPa 以下のものに用いられる）。
・伝熱面積が小さいため、大容量に向かず、ボイラー効率も低い。
・保有水量（保水量）が多いため、加熱と蒸気発生に長時間を要する。
・保水量が多いため、負荷の変化に対して蒸気の圧力変動が小さく、負荷変動に強い。
・保水量が多いため、万が一、胴などが破損・破裂した際の被害は大きくなる。

## ●立てボイラー・立て煙管ボイラー

　立てボイラー・立て煙管ボイラーは、胴、煙突管、煙管を直立させ、下に燃焼室がある構造です。縦長の構造のため、設置する床面積は小さいです。

　立てボイラーは、火室内を横方向に横切るように横管が通り、その内部を水が連絡することで伝熱面積を増やしています。

　立て煙管ボイラーは、火室管板と上部管板の間に、複数の煙管を設けることで、伝熱面積を増やしています。立てボイラーと立て煙管ボイラーの特徴には、次のようなものがあります。

・縦長のため、狭い場所に設置でき、据付けや移動も容易である。
・ボイラー効率が低いため、小容量のものに用いられる。
・水面が狭いため、発生する蒸気の中に含まれる水分量が多い。

## ●炉筒ボイラー

　胴体を横にして据付けて、円筒形の胴内に、胴を横切るように炉筒が設けられたものです。古いタイプのボイラーであり、現在はほとんど新設されていません。

## ●煙管ボイラー

　炉筒ボイラーは胴内に炉筒（燃焼ガスが通る太い1本の筒）を設けたものに対して、煙管ボイラーは、胴の水部に多数の煙管を設けて、その内部を燃焼ガスが通ることで伝熱面の増加を図ったボイラーです。煙管ボイラーは、炉筒ボイラーに比べて以下の特徴があります。

・熱交換の性能が良いため、ボイラー効率が良く、小型化できる。
・蒸気発生までにかかる時間が短い。
・構造は複雑で整備は難しい。
・質のよいボイラー水を用いる必要がある。

## ●炉筒煙管ボイラー

炉筒煙管ボイラーは、炉筒ボイラーと煙管ボイラーの特徴を組み合わせたものです。バーナーで形成された火炎は、径が大きな波形筒状の炉筒で燃焼します。これだけでは炉筒ボイラーですが、その後、燃焼で発生した高温ガスは多数の煙管群を通ります。これにより、伝熱面を確保して熱交換の性能を高めています。炉筒煙管ボイラーには、次のような特徴があります。

・煙管ボイラーに比べてボイラー効率が高い（85 ～ 90% のものもある）。
・水管ボイラー（後述）に比べて製作と取り扱いが容易。
・圧力 1 MPa 程度までの暖房用、工場用に広く用いられている。

### 💡 ボイラーの煙管

ボイラーの煙管は、火を通して熱を移し、ボイラー内の水を加熱する役割を持ちます。煙管の数や配置、直径や厚さなどは、ボイラーの性能や種類によって異なります。煙管が詰まるとボイラーの効率が悪くなるため、定期的なメンテナンスが必要です。また、煙管内部に付着するスケールや腐食も問題となります。最近では、省エネや環境保護の観点から、煙管を薄くしたり、素材を改良したりする取り組みが進んでいます。ボイラーの煙管は、目には見えないが、重要な役割を果たしている、静かで頼もしい存在といえます。

# 水管ボイラー

## ●水管ボイラーの特徴

　水管ボイラーは、蒸気ドラム（汽水ドラム）、水ドラムおよび多数の細い水管によって構成されます。水管内を水が循環し、水管内で蒸気が発生し、蒸気ドラムから蒸気が取り出されます。

　高圧かつ大容量のものにも適応します。水管内で加熱されるため、水管内に蒸気が滞留すると、管がから焚き状態となり、過熱して損傷する恐れがあります。そのため、ボイラー水を確実に循環させ、水管内で加熱面に水が接した状態で熱伝達を行う必要があります。ボイラー内の水の流動方式によって以下の3つに分けられます。

（1）自然循環式水管ボイラー
（2）強制循環式水管ボイラー
（3）貫流式ボイラー

水管ボイラー（図2-3-1）は、一般的に次の特徴があります。

・低圧小容量から高圧大容量のものまで製作できる。
・保有水量が少ないことに加え、水管が多いため、水量に対する伝熱面積が大きく、焚き始めてから蒸気発生までの起動時間が短い。
・伝熱面積を大きくできるため、ボイラー効率が高い。
・保有水量は少ないため、負荷が変化すると、圧力が変動しやすい。
・保有水量が少ないため、圧力変動を抑えるためにきめ細かい調整が必要。
・細い水管を用いるため、スケールなどの堆積に弱く、良質なボイラー水が必要になる。

図 2-3-1　水管ボイラーの構造

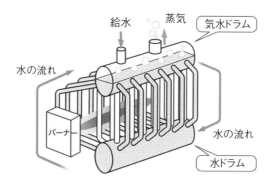

給水　蒸気　気水ドラム
水の流れ
バーナー
水の流れ
水ドラム

出典：岩谷産業株式会社 ホームページ

## ●自然循環式ボイラー

　図 2-3-1 に示した水ドラムと気水ドラムの間を水が自然循環する構造の水管ボイラーを**自然循環式水管ボイラー**と呼びます。水管が加熱されて発生した蒸気密度が低いために上昇し、気水ドラムから蒸気として外部に送り出されます。気水ドラム部で冷えた水は、高温の水に比べて収縮してわずかに密度が増加するため、自然に水管を通って水ドラムに落ちます。この繰り返しによって、自然循環ボイラー内の水循環が行われます。近年は、水管に直管ではなく曲がりのある曲管を用いたものが採用されています（図 2-3-2）。曲

図 2-3-2　水管への曲管の採用

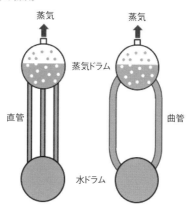

蒸気　蒸気
蒸気ドラム
直管　曲管
水ドラム

管を使う理由は、熱膨張による収縮を吸収しやすいためです。

## ●強制循環式ボイラー

高圧になると、水と蒸気の密度差が小さくなります。具体的に圧力基準飽和蒸気表において、例えば、圧力 1 atm と 10 MPa での飽和水の比体積 $v'$ と乾き飽和蒸気の比体積 $v''$ を読み取ると、表 2-3-1 のようになります。比体積の逆数をとれば、飽和水の密度 $\rho'=1/v'$ と乾き飽和蒸気の密度 $\rho''=1/v''$ が求められます。圧力が高くなると、飽和水と乾き飽和蒸気の密度の比 $\rho'/\rho''$ が小さくなることがわかります。つまり、高圧条件では、蒸発しても密度が小さくなりにくいことを意味します。そうなると、自然循環するための浮力も小さくなるため、循環力が弱くなります。そこで、ボイラー内の水を強制的に循環させるために、循環ポンプを設けた水管ボイラーを**強制循環式水管ボイラー**と呼びます。

表 2-3-1　飽和水と乾き飽和蒸気の密度の違い

| 圧力 | 1atm (101.325 kPa) | 10 MPa |
|---|---|---|
| 飽和水の比体積 $v'$ | 0.001044 m³/kg | 0.001453 m³/kg |
| 乾き飽和蒸気の比体積 $v''$ | 1.673 m³/kg | 0.01804 m³/kg |
| 飽和水の密度 $\rho'=1/v'$ | 957.9 kg/m³ | 688.2 kg/m³ |
| 乾き飽和蒸気の密度 $\rho''=1/v''$ | 0.5977 kg/m³ | 55.43 kg/m³ |
| 密度の比 $\rho'/\rho''$ | 1603（約 1600 倍） | 12.42（約 13 倍） |

## ●貫流式ボイラー

貫流式ボイラーは、図 2-3-3 に示すように、管系のみで構成される水管ボイラーです。つまり、水ドラムや蒸気ドラムを持たずに、給水ポンプで管系の入口から供給された水が加熱され、飽和水、飽和蒸気、乾き飽和蒸気、過熱蒸気になり、出口から所要の圧力と温度の蒸気が取り出されます。貫流ボイラーは高圧大容量と小型低圧の両方に用いられます。高圧大容量のものは、臨界圧以上の超臨界圧力ボイラーに用いられます。小型貫流式ボイラーとしては、蒸気量が 4 t/h 程度までの暖房、業務、工業用に用いられます。

貫流式ボイラーの特徴を以下に示します。

・管系のみで構成され、蒸気ドラムおよび水ドラムを持たないため、保有水量が極めて少ない。
・管系のみで構成されているため、高圧ボイラーに適している。
・管系のみで、かつ管を自由度高く配置することでコンパクトにできる。
・保有水量が非常に少ないため、起動が速い。
・保有水量が非常に少ないため、負荷変化により圧力変動を生じやすいので、応答性高く給水と燃焼のコントロールをする必要がある。
・細い管内で蒸発を行うため、質の高いボイラー水が必要。

図 2-3-3　貫流式ボイラーの構造

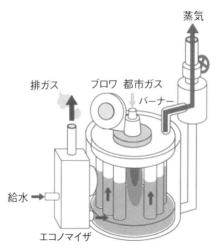

出典：岩谷産業株式会社 ホームページ

# 鋳鉄製ボイラー

## ●鋳鉄製ボイラーの特徴

　鋳鉄製ボイラーは、鋳鉄製の部材（セクション）を重ねることでつくられます。中空のセクションを重ね合わせることで、燃焼室、下部連絡口（水部連絡口）、上部連絡口（蒸気部連絡口）が形成されます。鋳鉄製ボイラーは、暖房用の低圧の蒸気または温水用のボイラーとして用いられます。使用圧力などの条件は表2-4-1のとおりです。

表2-4-1　ボイラーの種類による使用圧力

| ボイラーの種類 | 使用圧力などの条件 |
|---|---|
| 蒸気ボイラー | 0.1 MPa 以下 |
| 温水ボイラー | 0.5 MPa 以下（破壊試験を行ったものは 1 MPa　以下）<br>温水温度 120 ℃以下 |

### ！ 鋳鉄

　鋳鉄は、鉄（Fe）炭素（C）（1.7% 以上）を含む合金で、その他にシリコン（Si）、マンガン（Mn）、不純物の硫黄（S）、りん（P）などを含みます。溶けた金属を型に流して成形するため、複雑な形状のものを大量生産するのに向いています。ただし、鋳鉄は強度が低く脆いため、大きな衝撃には弱いという欠点もあります。鋳鉄は、現代産業において広く使われる材料の1つであり、その特性に応じた使用方法が求められています。

ボイラーの底部にも水を循環させる構造のものを**ウェットボトム式**、ボイラーの底部には水が循環していないタイプを**ドライボトム式**と呼びます。
　鋳鉄製ボイラーの特徴を以下に示します。

・セクションを分解・組み立てる構造のため、狭い場所への搬入と設置ができる。
・セクションの枚数を変化させることで、伝熱面積の増減が容易。
・鋼板でできた鋼製ボイラーに比べて、腐食しにくい。
・小型で据付面積が小さい。
・鋳鉄製のため、強度が低い。そのため、高圧や大容量には向かない。
・鋳鉄製のため、熱膨張によって亀裂や割れが生じやすい。
・鋳造品のため、複雑な内部構造であり、内部の清掃や検査が難しい。

図 2-4-1　鋳鉄製ボイラー

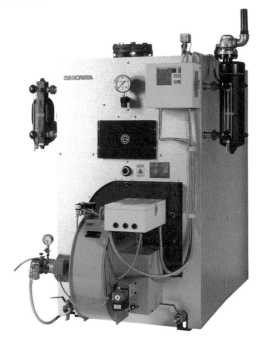

出典：昭和鉄工株式会社 ホームページ

# 特殊ボイラー

特殊ボイラーは、以下に分けられます。

（1）廃熱ボイラー
（2）特殊燃料ボイラー
（3）熱媒ボイラー
（4）その他

## ●廃熱ボイラー

　**廃熱ボイラー**は、ボイラー内で燃料を燃焼させるのではなく、加熱炉、溶解炉、エンジン、焼却炉などの熱を扱う機器から捨てられる廃熱を回収してボイラーとして利用するのに用いられます。省エネや多種のエネルギーの利用という観点から今後も重要な役割を果たすと考えられます。

　廃熱ボイラーの構造としては、通常のボイラーと同様ですが、廃熱を受け取るための廃ガスには不純物、ダスト、腐食性物質なども含まれる場合が多いため、それらに対する処置が必要です。

## ●特殊燃料ボイラー

　**特殊燃料ボイラー**は、木材、産業廃棄物、ごみ、廃タイヤなどを燃料として用いるボイラーを指します。それぞれの燃料の性質に応じて、特殊な対策がなされています。

## ●熱媒ボイラー

　**熱媒ボイラー**は、1 atm における飽和温度（沸点）が水の100℃よりも高い有機溶媒（飽和温度200 ～ 400℃）を用いて、低圧で高温な熱源を得るために使われます。

　水と大気圧で加熱する場合、100℃の熱源しか得られませんが、有機溶媒を使うことで、ボイラー内の圧力を上げずに、200 ～ 400℃の熱源を得るこ

とができ、工場での各種プロセス（加熱、乾燥、蒸留など）に用いることができます。

図 2-5-1　廃熱ボイラー

出典：三浦工業株式会社 ホームページ

## 🔔 ボイラーの役割

　ボイラーは、水を加熱して蒸気を生成し、蒸気を用いてさまざまなプロセスを動かすための装置です。主な役割は以下のとおりです。

- **発電所での電力生成**：ボイラーは燃料（石炭、天然ガス、石油、バイオマスなど）を燃やして、水を加熱して蒸気を生成し、蒸気タービンを回して発電機を駆動することで、電力を生成するために利用される。
- **工場でのプロセス熱の供給**：ボイラーは、工場での加熱や蒸気動力に必要な蒸気の供給を行う。例えば、石油精製工場では、ボイラーによって原油を加熱し、蒸気を生成して精製プロセスに利用する。
- **温水や暖房用途**：ボイラーは、水を加熱して温水を供給することで、建物や住宅の暖房や温水の供給に利用される。
- **蒸気駆動機器の駆動**：蒸気は高いエネルギーを持つ。ボイラーによって生成された蒸気は、タービンやポンプ、圧縮機などの蒸気駆動機器の駆動に利用される。

　これらの役割を通じて、ボイラーはさまざまな産業分野で重要な役割を果たしています。

# 第 3 章

# 計器と制御

　ボイラーの計器と制御は、ボイラーの効率的で安全な運用を保証するための機器と技術です。ボイラーの適切な働きを監視し、維持するために重要な役割を果たしています。

# 3-1 圧力計

　ボイラーを安全に運転するためには、ボイラー内部の圧力を常に把握しつつ、適正な状態に保つ必要があります。そのため、圧力計を取り付けて、ボイラー内の圧力を測定します。

## ●ブルドン管式圧力計

　ボイラー内の圧力の測定には、一般にブルドン管式の圧力計が用いられます。ブルドン管式の圧力計の概略図を図3-1-1に示します。

　**ブルドン管式圧力計**は、ブルドン管と呼ばれる円弧上に湾曲したパイプ内に圧力をかけることで、ブルドン管の変形を利用して圧力を測定する圧力計です。ブルドン管内に圧力をかけると、圧力を受ける面積が小さい面と大きい面の差によって発生する力でブルドン管が広がる方向に変形します。

図 3-1-1　ブルドン管式圧力計

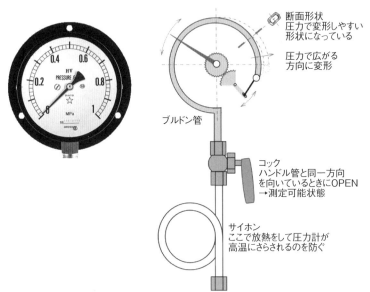

断面形状
圧力で変形しやすい
形状になっている

圧力で広がる
方向に変形

ブルドン管

コック
ハンドル管と同一方向
を向いているときにOPEN
→測定可能状態

サイホン
ここで放熱をして圧力計が
高温にさらされるのを防ぐ

その変形量は、圧力の値に比例します。その変形をリンク機構で指針に伝えることで、圧力を表示することができます。ブルドン管の断面は、圧力によって変形しやすいように、真円ではなく楕円などの扁平な断面形状をしています。

## ●ブルドン管圧力計の取り付け時における注意点

ブルドン管圧力計内に蒸気が入ると測定誤差が発生するため、ブルドン管内に蒸気が侵入しないように取り付ける必要があります。そのため、以下の点に注意が必要です。また、**サイホン管**と呼ばれる内部に水が入った管を介してブルドン管を取り付けることで、ボイラー内の蒸気がブルドン管内に侵入するのを防ぎます。

・ブルドン管は、ボイラー（胴または蒸気ドラム）の最も高い場所に取り付ける。
・ブルドン管は、垂直に取り付ける。
・蒸気の進入を防ぐため、サイホン管などを設ける。
・ブルドン管圧力計のコックは、ハンドルが管軸と同一方向に向いているときに開く（圧力が測定可能な状態になる）ものとする。

### 🗨 蒸気と圧力

ボイラー内部において、燃料の燃焼や加熱によって水や他の液体が加熱され、高温の蒸気が生成されます。この蒸気は圧力を持っており、ボイラー内部に一定の圧力が維持されます。ボイラーの圧力を管理することは非常に重要です。適切な圧力を維持することで効率的な加熱や蒸気の供給が可能となります。高い圧力が必要な場合は、より多くのエネルギーを持った蒸気を生成します。ボイラー内の圧力は、安全性や設計上の要件に基づいて制御されます。過剰な圧力はボイラーに損傷を与える可能性があり、逆に十分な圧力がない場合は正常な動作ができないことがあります。

　ボイラー内の水面の位置は、常に適正な範囲内に調整しておく必要があります。そのため、水面の位置を確認するために水面計が設けられています。

## ●ガラス水面計

　ガラス水面計（図3-2-1）は、ガラス管の上下にコックが設けられ、それを介してボイラーにつながっています。ボイラー水は下のコックを通ってガラス管に侵入し、ボイラーと同じ水面高さに水位が現れます。上下に延びるガラス管に現れる水位によって、水位の最低ラインと最高ラインの間に水があることを確認できます。丸形ガラス（円筒形のガラス管）で水面を見るタイプの水面計です。主に最高圧力1MPa以下の丸ボイラーで用います。

図 3-2-1　ガラス水面計　　図 3-2-2　反射式水面計

出典：株式会社サワダ製作所 ホームページ

## ●反射式水面計

ガラス平板に三角形の縦溝を付けて、ガスケットで密閉して金属箱に組み込んだ構造です。溝の中に水面があると、液体部は黒色に、蒸気部は光が反射して白色に見えます（図3-2-2）。

## ●透視式水面計

水面計の裏側から電灯で照らすことで水面を明確に表示するタイプの水面計で、高圧ボイラーに使用されます（図3-2-3）。

## ●二色式水面計

光の屈折率の違いを利用して、蒸気部が赤色、水部が緑色に見えるようにした水面計です（図3-2-4）。

図 3-2-3　透視式水面計　　図 3-2-4　二色式水面計

出典：株式会社サワダ製作所 ホームページ

# 3-3 流量計

## ●差圧式流量計

　流体が流れる管の断面積が変化すると、断面積が異なる管の間に圧力差が生まれます。この圧力差は、流量の2乗に比例することを利用して、圧力差を測定して流量を求めることができます。差圧で流量を測定するにはベンチュリ管やオリフィスを用います。ベンチュリ管（図3-3-1）やオリフィス（図3-3-2）では、差圧を測定して流量を求めます。

図 3-3-1　ベンチュリ流量計の構造

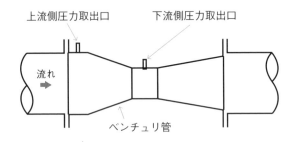

出典：日本電気計測器工業会 ホームページ

図 3-3-2　オリフィス流量計の構造

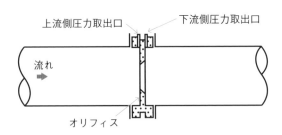

出典：日本電気計測器工業会 ホームページ

## ●容積式流量計

　ケーシングの中に楕円の歯車をかみ合わせて回転させると、歯車とケーシングとの間に形成された空間の分だけ流体が送り出されます。流量は歯車の回転数に比例し、歯車の回転数の測定により流量を求めます。

## ●面積式流量計

　断面積が変化するテーパー状の管内にフロートと呼ばれる可動部を設けると、フロートは流量に応じた位置で停止します。このときのフロートの位置から流量を求めるものを**面積式流量計**と呼びます（図 3-3-3）。

図 3-3-3　面積式流量計の構造

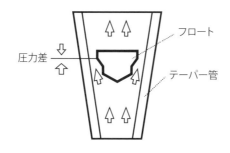

　配管やダクト内の圧力が大気圧より高ければ、管内から大気に向かって流れが生じます。つまり、配管などからの通風力が生まれます。通風力（ドラフト）は、配管内の圧力と大気圧との差が大きいほど高くなります。そこで、大気と配管内の差圧を測定する計測器を**通風計**と呼びます。

### ❗ 圧力と大気圧

　私たちが普段感じない存在、それが圧力と大気圧です。しかし、これらの要素は私たちの日常生活に密接に関わっています。圧力は、ある面積に対して働く力の大きさを示す物理量です。具体的には力 ÷ 面積で計算されます。例えば、手のひらでテーブルを押し下げると、その面積に対してある程度の力がかかっているのがわかります。このときの力の大きさを面積で割った値が、その場所の圧力となります。大気圧とは、地球を取り囲む大気が地表にかける圧力のことを指します。私たちが感じているのは、数十キロメートルの大気が私たちの体にかける圧力です。海抜 0 m、つまり海面上での標準的な大気圧は約 1013 hPa（ヘクトパスカル）です。これは、1 cm² の面積に対して約 10 kg の重さがかかっていることを意味します。体全体に考えると、数トンの重さが私たちの身体にかかっていることになります。驚くべきことに、私たちの体はこの大きな圧力に耐えているのです。なぜ私たちがその重さを感じないのかというと、私たちの体内にも同じ圧力がかかっているため、外部と内部の圧力が釣り合っているからです。

# 3-5 安全弁

安全弁は、ボイラー内の圧力を設定圧力になると蒸気をボイラー外に吹出して、圧力の過剰な上昇を防ぎます。

## ●安全弁の構造

ボイラーの安全弁には、ばね式のものを用います。ばね安全弁の構造を図 3-5-1 に示します。基本的には、ばねによって弁が弁座に押し付けられて、密閉しています。蒸気の圧力が高くなると、弁が蒸気を押し上げて弁座と弁の間にすき間ができ、蒸気が吹出します。蒸気が吹出す圧力は、弁座の面積とばねの押し付け力で決まります。

図 3-5-1　ばね安全弁の構造

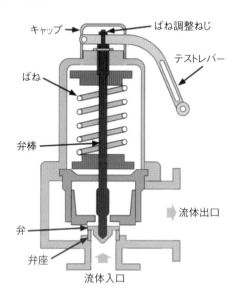

そのため、ばね調整ネジによってあらかじめばねにかかる力を調節することで、蒸気が吹出す設定圧力を変化させることができます。

　弁が持ち上がる距離を**揚程（リフト）**と呼びます。この揚程の違いによって、揚程式と全量式の安全弁に分けることができます。

　図 3-5-2 に示すように、弁座の下にある流路の最小面積部分を**のど部**と呼びます。弁が開いた際、弁座と弁体との間に形成される開口部を**開口面積（カーテン面積）**と呼びます。カーテン面積は、図 3-5-2 に示す円柱の側面部分の面積です。揚程が低く、カーテン面積がのど部面積よりも小さくなる場合カーテン面積によって蒸気の最大流量が制限されます。このような場合を**揚程式安全弁**と呼びます。カーテン面積がのど部面積よりも大きい場合、のど部の面積で最大流量が決まります。このような弁を**全量式安全弁**と呼びます。

図 3-5-2　安全弁の吹出し部

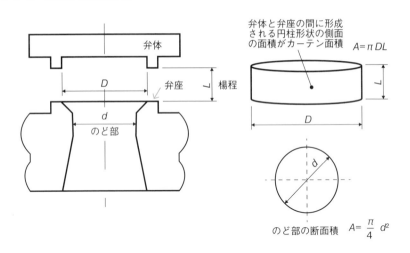

安全弁の取り付けに関する注意事項を次に記します。

・安全弁から蒸気が吹出した際の安全性確保のため、蒸気が吹出す開放部分は地上から 2 m 以上の高さに設ける。
・安全弁本体および排気管の底部には**ドレン抜き**と呼ばれる管を設ける。この管には、弁を取り付けてはいけない（開放した管にする）。

## ●低水位燃料遮断装置

ボイラー内の水が許容される最低水位になった際に、自動的にバーナーなどを停止させて警報を出します。この装置を**低水位燃料遮断装置**と呼びます。

## ●高・低水位警報装置

ボイラー胴および蒸気ドラム内の水位が適正な範囲外になった際に、警報を出す装置を**高・低水位警報装置**と呼びます。

 ばねの性質と働き

　ばねは、伸縮性のある弾性物体のことを指します。一般的には、金属やゴムなどの素材からつくられています。ばねは、外部から力を加えると変形し、力が取り除かれるともとの形に戻ろうとする性質を持っています。これを弾性力と呼びます。ばねの主な目的は、力や振動を吸収し、保持することです。ばねは、ボイラー弁において正確な制御や信頼性を提供する重要な要素です。適切なばねの選択と設定により、ボイラーシステムの安全性と正常な動作が確保されます。ばねの特性は、フックの法則に従います。これは、ばねの変形量が力に比例する関係を表しています。つまり、力が増えれば変形量も増え、力が減ればばねはもとの形に戻ります。この特性を利用して、機械や装置の安定性や振動吸収、制御などに広く活用されています。

# 送気系統の装置

## ●主蒸気管

　主蒸気管は、ボイラーで発生した蒸気を供給するメインの配管です。配管の材料は熱によって伸縮するため、長い配管では温度変化による伸縮を吸収するための伸縮継手を設けます。伸縮継手を表3-6-1に示します。

表 3-6-1　伸縮継手の種類と特徴

| 伸縮継手 | 特徴 |
|---|---|
| U字型 | 配管をU字に曲げたもの。 |
| ベンド（湾曲型） | 配管を円弧状に湾曲させたもの。 |
| ベローズ（蛇腹型） | 配管の蛇腹が伸縮できるようになっているもの。 |
| すべり型 | 径が異なる管を使い、大きい管の中に小さい管を挿入して接続し、伸縮時には滑りながら挿入部長さが変わる。 |

## ●主蒸気弁

　主蒸気弁は、ボイラーや過熱器の蒸気出口部などに設けられて、発生した蒸気の送気、停止、流量調節を行うバルブです。主に用いられるバルブを図3-6-1および以下に示します。

### アングル弁
　下方から入った蒸気が直角に曲がり水平方向から出る弁です（図3-6-1）。
### 玉型弁（グローブバルブ）
　玉形の部屋の内部に仕切弁があり、その部分を開閉することで流量を調整します。弁を通る流れがS字になり、抵抗が大きくなります（図3-6-2）。
### 仕切弁（ゲートバルブ）
　直線状の通路内を上下する仕切り板で開閉する方式の弁で、抵抗は少ないですが、流量の調整には不向きです（図3-6-3）。

**蒸気逆止め弁（チェックバルブ）**

　主蒸気弁を通過した蒸気がボイラー側に逆流しないように、逆方向の流れを塞ぐバルブです（図 3-6-4）。

図 3-6-1　アングル弁

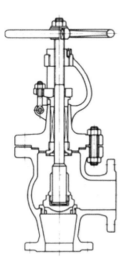

図 3-6-2　玉形弁

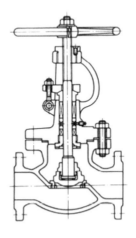

図 3-6-3　仕切弁

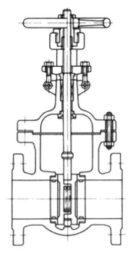

図 3-6-4　蒸気逆止め弁

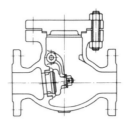

出典：JIS B 0100：2013（バルブ用語）

## ●気水分離器

　乾き度の高い蒸気を得るために、ボイラー内の蒸気と水滴を分離する装置として、気水分離器が設けられます。特に高圧ボイラーでは蒸気が圧縮されて密度が高くなり、蒸気と水分の密度差が小さくなります。そのため、気水分離が難しくなるため高性能な気水分離器が必要になります。

## ●蒸気トラップ

　蒸気設備内では、冷やされた蒸気が凝縮して液体の水が発生します。これをドレンと呼びます。蒸気設備内にたまったドレンを自動的に排出する装置を蒸気トラップと呼びます。蒸気トラップの分類と特徴を表3-6-2にまとめます。

表 3-6-2　蒸気トラップの分類と特徴

| 作動原理 | 分類 | 特性 |
|---|---|---|
| 蒸気とドレンの密度差を利用するもの | バケット式<br>フロート式 | ドレン自体が直接トラップ弁を駆動する。温度変化を使用しないため作動が速い。 |
| 蒸気とドレンの温度差を利用するもの | バイメタル式<br>ベローズ式 | 温度差によって変位をもたらす機構で弁を駆動する。応答性が悪いが、開弁時の排出能力は高い。 |
| 蒸気とドレンの熱力学的性質を利用するもの | ディスク式<br>オリフィス式 | 小型軽量である。ウォーターハンマーに強いが、圧力の影響を受けやすい。 |

### バケット式

　バケット内に蒸気が多く入ると浮力でバケットが上方向に移動して排出弁が閉じます。逆にバケット内にドレンがたまってくると浮力が減ってバケットが下方向に移動して排出弁が開き、ドレンが排出されます（図3-6-5）。

図 3-6-5　バケット式　　　　図 3-6-6　ディスク式

出典：株式会社ミヤワキ

### バイメタル式

　高温な蒸気が入るとバイメタルが変形して排出弁を閉じます。ドレンが入るとバイメタルが冷やされて変形がもとの方向に戻っていき、排出弁が開きドレンが排出されます。

### ディスク式

　ディスクの上下移動によって弁が開閉します。入口圧力が変圧室よりも高い場合、ディスクはドレンによって押し上げられて弁が開きます。ディスク下部を流れるのがドレンではなく蒸気に変わると、流速が増すためにディスク下側の圧力が低下します（**ベルヌーイの定理**）。これによって弁が閉じます。入口圧力と変圧室圧力が等しい場合には、上下の圧力を受ける面の面積差により、ディスクは下方向に押されて弁が閉じた状態になります（ディスクの上下面において、圧力を受ける面は、上の面の方が大きいため）（図 3-6-6）。

3・計器と制御

# 給水・吹出し装置

## ●給水ポンプ

ボイラーに給水するための給水ポンプは、主に遠心ポンプが用いられます。遠心ポンプは、複数の羽根を有する羽根車をケーシング内で回転させ、遠心力で水に圧力及び速度エネルギーを与えます。速度エネルギーを与えられた流体はケーシング内を半径方向外向きに流れ、ケーシングの渦巻室で圧力のエネルギーに変換され、吐出されます。

遠心ポンプは、案内羽根を持たない渦巻きポンプ（図 3-7-1）と案内羽根を持つディフューザポンプ（図 3-7-2）に分類されます。

### 渦巻きポンプ

案内羽根を持たない遠心ポンプで、羽根車で遠心方向に与えられた速度エネルギーが圧力に変換され、吐出されます。渦巻きポンプは、一般的に低圧ボイラーに使用されます（図 3-7-1）。

### ディフューザーポンプ

案内羽根を持つ遠心ポンプを**ディフューザーポンプ**と呼びます。案内羽根により、速度エネルギーが効率良く圧力に変換されます。また、ディフューザーポンプはその段数を増やして多段で設置することができるため、高圧のボイラーに用いられます（図 3-7-2）。

### 渦流ポンプ

渦流ポンプは、小さい駆動力で高い揚程（高圧）を得ることができるため、主に小型の蒸気ボイラーなどに用いられます。

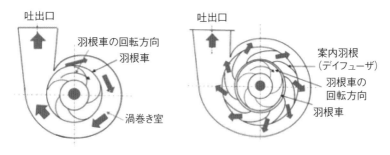

図 3-7-1　渦巻きポンプの構造　　図 3-7-2　ディフェーザーポンプの構造

吐出口

羽根車の回転方向
羽根車

渦巻き室

吐出口

案内羽根
（デイフューザ）
羽根車の
回転方向
羽根車

## ●給水加熱器

　タービンなどの廃熱を利用して、給水を予熱することで、その分エネルギーの利用効率が上がります。これを**給水加熱器**と呼びます。給水加熱器は、表 3-7-1 の種類に分類されます。

表 3-7-1　給水加熱器の種類

| 方式 | 内容 |
|---|---|
| 混合式 | 加熱した蒸気と給水を混合させる方式。 |
| 熱交換式 | 加熱した蒸気と給水は混合せず、加熱管を介して熱交換を行う方式。 |

## ●給水弁および給水逆止め弁

　ボイラーおよびエコノマイザーへの入口には、給水弁と給水逆止め弁を設けます。**給水弁**は、ボイラーに供給される給水を止めるために用いられ、給水逆止め弁は、ボイラー水が給水系統側に逆流するのを防ぐ役割があります。
　給水弁には、アングル弁や玉型弁が用いられます。図 3-7-3 に示すように、給水逆止め弁とボイラー入口の間に給水弁を取り付けます。これにより、給水逆止め弁が故障した際には給水弁自体を閉じることでボイラー内の蒸気圧力を保ったまま、修理をすることができます。

図 3-7-3　給水弁と逆止め弁の位置

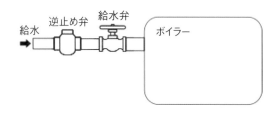

## ●給水内管

　ボイラー内に低温の給水を供給する際に、ボイラーの1か所に集中して送り込むと、ボイラー内の温度や熱ひずみなどが不均一となり、漏水などの不具合の要因になります。

　給水内管は、図 3-7-4 に示すように長い鋼管に多数の小穴をあけたもので、多数の小穴から給水がボイラー胴内の広範囲に供給されます。ボイラー内の水面が、安全低水面まで低下した場合でも給水内管が露出しないように、給水内管は、安全低水面よりもやや下の位置に取り付けます。また、清掃や交換が容易にできるように、取り外しが可能な構造にします。

図 3-7-4　給水内管の構造

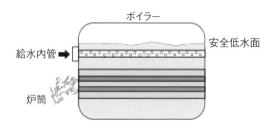

## ●吹出し弁、吹出しコック

ボイラーの給水に含まれる不純物は、水の蒸発によって濃縮し、沈殿物や堆積物になります。そのため、沈殿物がたまりやすい箇所などに吹出し装置（管、吹出し弁、吹出しコックなど）を設けて排出します。

吹出し弁には、スラッジなどの堆積物による故障を避けるために、玉型弁を使用せず、仕切弁やＹ型弁が用いられます。小容量の低圧ボイラーでは、吹出しコックが用いられます。

## ●連続吹出し装置

連続運転ボイラーでは、安全低水面より少し下の部分から少量ずつ連続的に濃縮したボイラー水を連続的に吹出す装置が用いられます。これを**連続吹出し装置**と呼びます。連続的に吹出す水の熱を熱交換器で回収することで、ボイラーを効率的に運用するのにもつながります。

なお、安全低水面よりも少し下の部分でボイラー水を取り出す理由は、加熱されて循環しているボイラー水は水面上部で蒸気が取り出されて濃縮するため、この領域の水が濃縮されているためです。

# 3-8 付属設備

## ●過熱器

ボイラー本体で発生した飽和蒸気をさらに加熱して過熱蒸気をつくるために過熱器が用いられます。ボイラーで発生した飽和蒸気は水分を含む場合があることに加えて、冷えると復水（水）が発生して圧力が低下する恐れがあります。そこで、過熱器に導いて燃焼熱でさらに加熱し、水分を含まない過熱蒸気になります。

## ●エコノマイザ（節炭器）

燃焼ガスは、最終的に排ガスとして煙道を通って大気に捨てられます。この熱量は、ボイラーの熱損失の中で最も大きな割合を占めています。つまり、煙道を通る燃焼ガス（排ガス）はまだ高温のため、水を加熱できるだけの予熱を持っています。

そこで、この予熱を回収して、給水の予熱に利用する装置を**エコノマイザ**と呼びます。燃焼ガスの持つ廃熱で給水を予熱できれば、その分だけ燃焼させる燃料の量を減らすことができるので、ボイラー効率が向上して燃料の節約になります（図3-8-1）。

一方で、エコノマイザを煙道に設置すると煙道内の通風抵抗が増加するため、通風能力の確保に注意が必要です。

## ●空気予熱器

空気予熱器は、燃焼ガスの余熱や蒸気の熱を用いて、燃焼に使われる前の空気を予熱する装置です。空気予熱器を用いることで以下の利点があります。

図 3-8-1　エコノマイザの役割

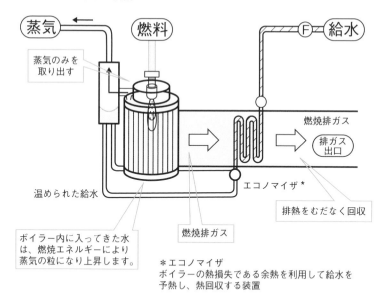

蒸気

蒸気のみを
取り出す

燃料

F 給水

燃焼排ガス

排ガス
出口

温められた給水

エコノマイザ *

排熱をむだなく回収

ボイラー内に入ってきた水
は、燃焼エネルギーにより
蒸気の粒になり上昇します。

燃焼排ガス

＊エコノマイザ
ボイラーの熱損失である余熱を利用して給水を
予熱し、熱回収する装置

出典：川重冷熱工業株式会社 ホームページ

・空気が予熱されて燃焼状態がよくなる。
・燃焼室温度が上がるため、水分が多い低品位の燃料を燃焼させること
　ができる。
・ボイラー効率が良くなる。

また、欠点としては以下のものがあります。

・燃焼温度が高くなるため、窒素酸化物（NOx）が生成しやすくなる（NOx
　は高温な燃焼ガス中で多く生成される）。
・通風経路に熱交換器を設置するため、通風抵抗が増加する。

　燃焼ガスの余熱を用いて空気の予熱を行う**ガス式空気予熱器**を用いた場
合、燃料に含まれる硫黄分によって低温腐食が発生する場合があります。そ
れを防ぐために、ガス式予熱器の入口に蒸気式予熱器を設けて燃焼用空気の

温度を上げる場合もあります。

　空気予熱器（図 3-8-2）には、予熱の方法によって熱交換式と再生式があります。熱交換式は、熱交換器を用いて燃焼ガスと空気との間で熱交換をするしくみです。再生式は、伝熱エレメントを円筒内で回転させて、その中を燃焼ガスと空気が混ざらないように隔離された状態で通過することで、燃焼ガスの熱が伝熱エレメントと媒介して空気に伝わります。

図 3-8-2　空気予熱器の役割

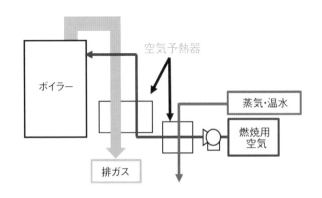

●スートブロア

　ボイラーの伝熱面にダストやすすが付着すると、ボイラー効率が低下します。そのため、ノズルから蒸気や空気を噴射して伝熱面に付着したダストやすすを取り払う装置を**スートブロア**と呼びます。

# ボイラーの制御

## ●ボイラー自動制御の目的

　ボイラーは、要求された量の蒸気や温水を供給するのが役目です。そのためには、給水量、燃料供給量、空気量などをコントロール（制御）する必要があります。

　ボイラーが正しく制御されていない場合、要求された条件の蒸気や温水が得られないだけではありません。ボイラーの水位、圧力、温度などが適正な状態に制御されていないと、ボイラーの破損などを招き、重大な事故に至る恐れもあります。

　以上のように、ボイラーの運転状態は適切に制御される必要があり、一般的にはこれらを自動制御で行っています。

　つまり、ボイラーの自動制御の目的は、要求された蒸気や温水を発生させつつ、ボイラーを安全かつ高効率に運転し、有害な排ガス発生を防ぐことで性能、経済性、環境保全に資することです。

## ●制御量と操作量と目標値

　制御の基本は、制御量が目標値になるように、操作量を変えることです。例えば、暖房機器による室温調整を例に考えると、室温を目的の温度に調整するために、ヒーターの出力を操作します。このとき、制御の対象となる室温が制御量で、目標となる温度が目標値で、操作を行うヒーター出力が操作量です。

　通常、室温センサで室温を測定して、室温と目標値とのずれ（偏差）を検出し、操作量を決定して制御量を調整して目標値に近づける操作を行います。このような制御を**フィードバック制御**と呼びます（後述）。

## ●フィードバック制御とシーケンス制御

フィードバック制御の構成を図3-9-1に示します。前記したように、制御量の値（室温）を目標値と比較し、その差異（偏差）を最小にするように操作量の修正動作を繰り返す制御をフィードバック制御と呼びます。操作後の制御量の結果をもとに、それを目標値と比較することで、結果をフィードバックして操作量を変化させます。

図 3-9-1　フィードバック制御の構成例

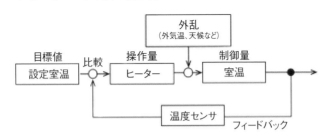

シーケンス制御はフィードバック制御とは異なり、あらかじめ決められた順序に基づいて各段階の制御を逐次進める方式を**シーケンス制御**と呼びます。例えば、洗濯機を例にとると、設定したモードで運転を開始すると、図3-9-2のように数字の順に逐次制御が行われます。

図 3-9-2　シーケンス制御の構成例

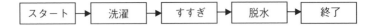

## ●ボイラーに関する主な制御量と操作量

ボイラーでは、蒸気圧力、蒸気温度、水位などを制御する必要があります。制御する必要がある制御量と操作量を表3-9-1にまとめます。

表 3-9-1　ボイラーに関する制御量と操作量

| 制御量 | 操作量 |
|---|---|
| 蒸気圧力<br>温水温度 | 燃料量と給水量 |
| 蒸気温度 | 伝熱量<br>過熱低減器[注1]の注水量 |
| ボイラー水位 | 給水量 |
| 炉内圧力 | 排出ガス量 |
| 空燃比 [注2] | 燃料量と空気量 |

注1）過熱蒸気の温度を低減する装置
注2）供給される空気の質量と燃料の質量の比（空気質量÷燃料質量）

### ❗ ボイラーの自動制御

　自動制御によって、ボイラーの安全性や効率が向上します。例えば、燃焼プロセスでは、燃料の供給量や空気の調整が重要です。自動制御システムは、燃料と空気の適切なバランスを保ちながら、最適な燃焼条件を維持します。これにより、燃料の効率的な利用と環境負荷の低減が実現されます。また、ボイラーの水位や圧力、温度なども自動制御によって管理されます。適切な水位を保つことはボイラーの安全性に関わる重要な要素であり、自動制御は水位を監視し、必要に応じて給水や排水を制御します。また、圧力や温度も自動制御によって安全な範囲内で維持されます。

　ボイラーと自動制御の関係は、安全性と効率性の向上に貢献します。自動制御システムは、ボイラーの適切な運転と管理を支え、生産プロセスやエネルギー利用の最適化において欠かせない存在です。

# 3-10 フィードバック制御

フィードバック制御の基本構成を図 3-10-1 に示します。フィードバック制御では、操作の結果得られた制御量の値を目標値と比較して、その差異（偏差）をなくすように修正動作を繰り返します。

図 3-10-1　フィードバック制御の基本構成

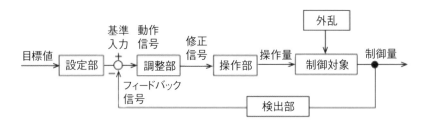

このとき、偏差に応じて制御を行いますが、その制御方法には次のように複数のものがあります。

・オンオフ動作（2 位置動作）による制御
・ハイ・ロー・オフ動作（3 位置動作）による制御
・比例動作（P 動作）による制御
・積分動作（I 動作）による制御
・微分動作（D 動作）による制御

## ●オンオフ動作（2 位置動作）による制御

最もシンプルな制御方法としてオンオフ動作によるものがあげられます。これは、設定された制御量の範囲の上限と下限でオンとオフを繰り返すことで、制御量を設定された範囲内に収めるものです。

例えば、図 3-10-2 に示すようにボイラーの蒸気圧力を制御量だとし、燃焼を操作量とした場合、ボイラーの蒸気圧力が設定圧力の下限値になった際にボイラーに点火して燃焼を行います（オン）。ボイラーの蒸気圧力が設定圧力の上限値になった際に燃焼を停止（オフ）します。

図 3-10-2　オンオフ動作による制御グラフ

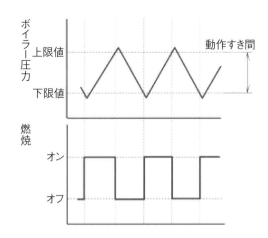

　このように、操作量はオンかオフのように 2 つの定まった値のいずれかをとります。設定圧力の上限値と下限値の際が小さいと、制御量の上限値と下限値の差を**動作すき間**と呼びます。動作すき間を小さく設定すると、狭い範囲に制御することができますが、その分、オンオフを頻繁に繰り返すことになります。オンオフ制御は、比較的小容量のボイラーの蒸気圧力、温度、水位制御などに用いられます。

●ハイ・ロー・オフ動作（３位置動作）による制御

　オンオフ動作による制御では、オンかオフの 2 位置で動作しますが、中間にもう 1 点を加えて、ハイ（オン）、ロー（オン）、オフの 3 点で動作するものを**ハイ・ロー・オフ動作（3 位置動作）**と呼びます。

## ●比例動作（P動作）による制御

　一般的に、目標値とのずれである偏差が大きいほど、より多くの操作量が必要になります。そこで、**比例動作**（P：Proportional動作）では図3-10-3に示すように、偏差の大きさに比例して操作量を増減させます。

図3-10-3　比例動作（P動作）による制御グラフ

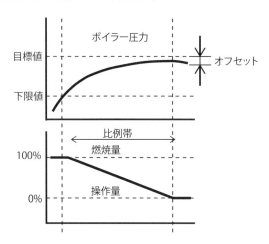

　例えば、制御値をボイラー圧力とすると、圧力の上限値と下限値の間で、偏差に比例した操作量を与えます。ボイラー圧力が上限値に近づくほど偏差が減少するため、操作量（燃焼量）が小さくなっていきます。

　P動作では、上限値に近づくほど操作量が減るため、制御値が変化しにくくなります。加えて、実際には使用される蒸気量が時々刻々変動をしているため、それらの影響を受けて制御量が設定圧力とはずれた値で平衡する（バランスする）ことになります。この、設定値と実際の平衡値との差異を**オフセット**（**定常偏差**）と呼びます。つまり、P動作はオフセットが生じやすいという特徴を持ちます。

## ●積分動作（I 動作）による制御

　積分動作（I：Integral 動作）は、偏差の時間積分値（偏差の時間的に積算した値）に比例して操作量を増減させる制御法です。つまり、偏差の大きさだけではなく、偏差が長く続くほど操作量が大きくなります。

　比例動作（P 動作）では、偏差が小さい場合に操作量が減少してオフセットが生じやすいですが、I 動作を用いると僅かな偏差でもそれが長く続くと操作量を増すため、オフセットを減らすことができます。そのため、I 動作は P 動作と組み合わせて使用されます（PI 動作）。

## ●微分動作（D 動作）による制御

　微分動作（D：Derivative 動作）では、偏差の時間微分値すなわち偏差が時間的に変化する速度に比例して操作量を変化させる制御法です。微分動作では、急激な負荷変動など、偏差が急速に変化する際に操作量を増やすため、偏差が小さい段階で操作が与えられることが特徴です。そのため、制御結果が大きく変動することを防ぐ効果があります。D 動作は、P 動作や PI 動作と組み合わせて使用されます（PD 動作、PID 動作）。

---

### ❗ 微分と積分

　微分は、関数の変化の速さを知るための道具です。例えば、走る速さや温度の変化などを理解するのに役立ちます。微分を使うと、ある瞬間の速さや変化率を求めることができます。積分は、関数の合計や面積を計算するための道具です。例えば、時間ごとの距離や面積を求めるのに使われます。積分を使うと、関数の下にある面積や合計値を求めることができます。

　例えば、車の速度を考えましょう。微分を使うと、ある瞬間の速さを求めることができます。1秒ごとの速度を知りたい場合、微分を使ってその瞬間の速さを計算できます。積分を使うと、車がどれだけ進んだかを求めることができます。

# 3 -11 シーケンス制御

シーケンス制御は、あらかじめ定められた順序（シーケンス）に沿って、各段階の制御を逐次進めていく制御です。

## ●電磁リレー（電磁継電器）

電磁リレー（図 3-11-1）は、ソレノイド（円筒状コイル）に電流を流すことで発生する電磁石の作用によって、電気接点を開閉する機器です。

図 3-11-1　電磁リレーの構造

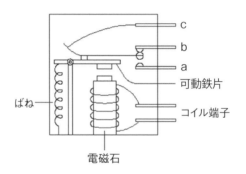

出典：基礎からわかる電気技術者の知識と資格 Web サイトより

図の状態では、可動鉄片と接点 b が接続された状態のため、c と b の間が通電しています。コイル端子に電流を流すと、電磁石によって可動鉄片が下方向に引き寄せられ、接点 a と接続されます。この状態を"動作する"と呼びます。電流を遮断すると電磁石の効果がなくなり、ばね力によって可動鉄片がもとの状態に引き戻されます。この状態を"復帰する"と呼びます。

このように、電磁リレーは電磁石でスイッチの切り替え作用を行うことができます。また、小さな電力（電磁石を作動させるのに必要な電力）で大電力回路の ON/OFF 制御ができます。

電磁リレーの接点は、コイル通電時に回路がどのようになるかによって、次の接点に分けられます。

### 電磁リレーのメーク接点（a 接点）

コイルに非通電の状態では回路が開いて電流が流れない状態で、コイルに通電してリレーが励磁した際に回路が閉じて電流が流れる接点を**メーク接点**（**a 接点**）と呼びます。

### 電磁リレーのブレーク接点（b 接点）

コイル非通電時に回路が閉じて通電し、コイルに通電すると回路が開いて電流が遮断される接点が**ブレーク接点**（**b 接点**）です。ブレーク接点を用いると、入力信号に対して、出力信号を反転させることができます。

### タイマ

設定された時間遅れの後に接点の開閉動作を行うリレーです。

### 開閉器

ナイフ状の接点を移動させて手動で接点を開閉するスイッチを**ナイフスイッチ**と呼びます。また、ボタンを押すことで接点が閉じ、ボタンを離すとばね力で接点が開くスイッチを**ボタンスイッチ**、水銀を封入したガラス管内に電極があり、ガラス管が傾き、流れた水銀で接点が閉じると電流が流れるしくみのスイッチを**水銀スイッチ**と呼びます。水銀は毒性があるため現在は生産されていません。

### リミットスイッチ

リミットスイッチで物体の位置を検出して、その位置に応じて制御動作を行います。位置の検出方法により物体と接触した際の機械的な変位を利用するマイクロスイッチ（接点のわずかな動きでオンオフをするスイッチ）と、物体と非接触で位置を検出する近接スイッチ（物体の接近を感知し、物体の有無を非接触で検出するスイッチ）があります。

# 3 -12
## 圧力と温度の制御

● オンオフ式蒸気圧力調整器

　オンオフ式蒸気圧力調整器の構造を図 3-12-1、図 3-12-2 に模式的に示します。伸縮するベローズで隔てられた受圧面に蒸気圧力を導くと、蒸気圧力が高くなるとベローズが押されます。あらかじめ設定された2点の圧力（上限値、下限値）になると、スイッチが作動してボイラーの燃焼をオンオフさせることができます。

　図 3-12-1 はスイッチにマイクロスイッチを用いたもので、図 3-12-2 は水銀スイッチを用いたものです。設定圧力は、圧力設定ねじを回してばね力を変えることで調整します。また、動作すき間設定ねじを回して動作すき間を設定します。

図 3-12-1　オンオフ式蒸気圧力調整器
　　　　　（マイクロスイッチ式）の構造

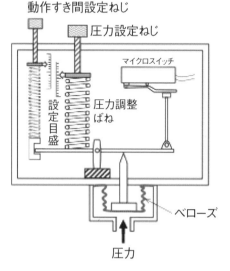

図 3-12-2　オンオフ式蒸気圧力調整器
　　　　　（水銀スイッチ式）の構造

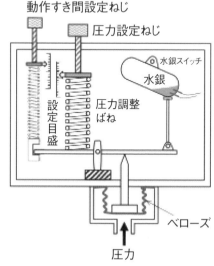

蒸気圧力調整器を取り付ける際には、ブルドン管圧力計の取り付けと同じように、ベローズに直接蒸気が侵入しないように、水を満たしたサイホン管を介して取り付けます。また、特に水銀スイッチを用いたものは傾くと誤作動を起こすため、水平、垂直の向きに注意します。

### ●圧力制限器

　ボイラー内の各種圧力（蒸気圧力、燃焼用空気圧力、ガス圧力など）が異状に上昇した際に、圧力制限器を用いて燃焼の供給を遮断して安全を確保します。蒸気圧力の制限器には、オンオフ式圧力制限器を使用しています。

### ●比例式圧力調整器

　比例式圧力調整器は、図3-12-3に示すようにベローズの変位でスイッチをオンオフするのではなく、**ワイパー**と呼ばれる移動する電極とすべり抵抗器（ポテンショメーター）を用いることで、比例動作で蒸気圧力を調整する調整器です。燃焼量を調整するコントロールモーターへの供給電力を、ポテンショメーターで調整することで、比例動作を与えることができます。

図3-12-3　比例式圧力調整器の構造

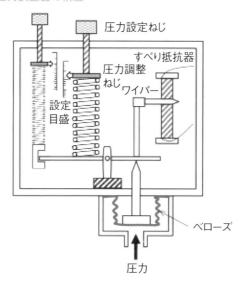

## ●温度の制御

ボイラーでは、過熱蒸気の温度、温水ボイラーの温水温度、重油の加熱温度、空気予熱器の温度などを制御します。

温度制御には、図3-12-4に示すような**オンオフ式温度調節器**（電気式）などが用いられます。これは、揮発性溶液（トルエン、アルコール、エーテル）を封入した感温体と、底につながった導管で構成されます。感温体が熱によって収縮することで、スイッチを作動させてオンオフ動作を行います。

図3-12-4　オンオフ式温度調節器（電気式）の構造

### 💡 すべり抵抗器

すべり抵抗器、またはポテンショメーターは、電子部品の一種です。電気回路内で電圧を変化させたり、位置や角度を検出したりするために使用されます。すべり抵抗器には、一定の長さを持つ抵抗体があります。この抵抗体には、接点がついていて、抵抗体をスライダー（すべり端子）で移動することができます。スライダーの位置によって、回路にかかる電圧が変化します。例えば、音量調節つまみや明るさ調節つまみがポテンショメーターの一例です。つまみを回すことで、スライダーが抵抗体上を移動し、回路にかかる電圧を変化させます。音量や明るさが変わるのは、この電圧の変化によるものです。

# 第 4 章

# 取り扱いと管理

ボイラーの取り扱いと管理では、操作マニュアルを理解し、安全に稼働させる必要があります。燃料供給と点火を確認し、適切な温度と圧力を維持します。また、定期的な点検と清掃を行い、異常を早期に検知します。

# 4 -1 点火前の準備

## ●取り扱いの基本と点火時の注意

ボイラーを取り扱う際は、ボイラーを正しく取り扱い、事故や災害の発生を防ぎます。また、燃料を完全に燃焼させて熱エネルギーに変えることで、燃料を経済的に利用するとともに、有害な排出ガスによる大気汚染を防ぎます。ボイラーを長寿命で安全に運用するための予防保全も適切に行うことが必要です。

ボイラーの点火時、低水位による事故、異常消火、炉内ガス爆発などが生じないように、点検と確認を行う必要があります（表 4-1-1、表 4-1-2）。

## ●通風装置、燃焼装置

煙道内に残留未燃ガスがあると、ガス爆発が発生する恐れがあります。煙道にあるダンパ（空気流量制御弁：煙の排出量、空気の量を調節するための装置）を全開にして、炉および煙道内を十分に換気します。

液体燃料の場合は油タンクの貯油量、気体燃料の場合はガス圧力が適正であるかを確認します。なお、液体燃料で油加熱装置を用いている場合は、油の温度が適切かを確認します。通風系統のダンパの開度（開き具合）も調整が必要です。

表 4-1-1　ボイラー点火時の点検

| 点検箇所 | 確認内容 |
|---|---|
| ボイラー水位、吹出し関係 | 水面計により水位が常用水位にある。2組の水面計を使って、両者が同一水位である。2組の水面計を使って確認することで、水面計の故障などの異常時にも正しく対応できる。 |
| | 水面計が水柱管に取り付けられている場合、水柱連絡管のコックや弁が開いている。水柱連絡管のコックが閉じていると、ボイラー内の水位が水面計に反映されない。 |
| | 験水コックを有する場合、水部のコックを開いた際に水が吹出す。 |
| 圧力計 | 圧力計のサイホン管のコックが開いている。コックが閉じていると、ボイラー内の圧力が圧力計に導かれていないため、ボイラー内の圧力が正しく測定できない。 |
| | 圧力計の指針が0（残針がない）。 |
| 給水装置 | 給水タンクに十分な水が入っている。 |
| | 給水配管の弁が開いている。 |
| | ボイラーに正しく給水できる状態にある。 |

表 4-1-2　自動制御装置の点検

| 点検箇所 | 確認内容 |
|---|---|
| 水位検出器 | 水位コックで水位を上下させて、給水ポンプが設定された水位で起動および停止する。 |
| 低位水位警報器 | 適正な水位で作動する。 |
| 火炎検出器 | 受光面および保護ガラスに汚れなどがない。 |
| インタロック系統 | 制限器が正常である。 |

**4 -2 点火**

●**基本的な点火の順序**

基本的な点火の手順を図 4-2-1 に示します。

図 4-2-1　基本的な点火の順序

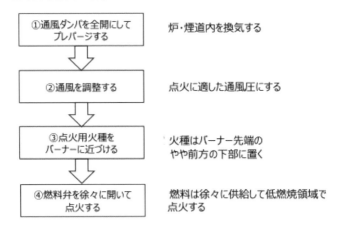

①通風ダンパを全開にして
プレパージする　　　　　炉・煙道内を換気する

②通風を調整する　　　　点火に適した通風圧にする

③点火用火種を　　　　　火種はバーナー先端の
バーナーに近づける　　　やや前方の下部に置く

④燃料弁を徐々に開いて　燃料は徐々に供給して低燃焼領域で
点火する　　　　　　　　点火する

●**油焚きボイラー点火時の留意事項**

油焚きボイラー（2-1 節参照）の点火時では、表 4-2-1 に示す事項に留意します。

●**ガス焚きボイラー点火時の留意事項**

ガス焚きボイラー（2-1 節参照）の点火前準備、点火方法は基本的に油焚きボイラーと同じですが、ガス燃料は容易に可燃性混合気を形成するためにガス爆発を起こす危険性が高いため、表 4-2-2 に示す注意が必要です。

表 4-2-1 油炊きボイラー点火時の留意事項

| 状況 | 留意内容 |
|---|---|
| 燃料の加熱 | B重油やC重油は粘度が高いため、噴霧と微粒化に適した温度まで燃料を加熱する。B重油は50℃～60℃、C重油は80℃～105℃程度に加熱する。 |
| 点火 | 必ず点火用火種を使う。炉壁の熱や隣接する他のバーナーの火炎で点火してはならない。 |
| 燃料弁を開いてから点火するまでの点火制限時間 | 数秒程度の時間を定めておく。 |
| 時間内に点火が行われない場合 | 直ちに燃料弁を閉じて点火操作を打ち切る。その後、ダンパを全開にして炉内を完全に換気し、不着火や燃焼不良の原因を調べる。 |
| バーナーが2基以上 | 同時に起動せず、初めに1基のバーナーに点火し、燃焼が安定してから他のバーナーに点火する。 |
| バーナーが上下に配置 | 下方のバーナーから点火する。 |

表 4-2-2 ガス炊きボイラー点火時の留意事項

| 点検箇所 | 留意内容 |
|---|---|
| 継手、コック、弁 | ガス漏れがないか、石けん液などの検出液を塗布するかガス検知器を使うなどして点検する。 |
| ガス圧力 | 適正かを確認する。 |
| 点火用火種 | 適正な火力のものを用いる。炉壁の熱や隣接するバーナーの火炎などで点火してはならない。 |

# 4-3 圧力上昇中の取り扱い

## ●焚き始めの運転

ボイラーの焚き始めは、ボイラー水の温度が低い状態です。このような状態では急激な燃焼をせずに、ゆっくりと加熱します。

急な加熱は、ボイラー内での水温の不均一化によりボイラーの不同膨張（ボイラーが不均一に膨張する）が発生します。

その結果、ボイラー本体、配管類の継手部分、耐火材（レンガなど）に破損や割れ（クラック）が生じる恐れがあります。特に、鋳鉄製ボイラーは、急激な温度変化で割れやすいため注意が必要です。

## ●蒸気圧力が上昇し始めた際の取り扱い

ボイラー内で蒸発が始まると徐々に蒸気圧力が上昇します。このとき、表4-3-1に示す取り扱いを行います。

## ●送気開始時の取り扱い

主蒸気弁を最初に開く際には、ウォータハンマー（流速の急激な変化により管内圧力が過渡的に上昇または下降する現象）の発生に注意が必要です。冷えた管内に蒸気を送り込むと、蒸気が冷やされて凝縮して液体となり、それがウォータハンマーの原因になります。よって、それを以下の手順で防ぎます。

①蒸気を送り込む側の主蒸気管、蒸気トラップのバイパス弁を開放してドレンを排出しながら、主蒸気弁を少し開き、管を温める。
②バイパス弁がある場合、バイパス弁も少し開いて管を温める。
③管が温まったら、バイパス弁をすべて閉じ、主蒸気弁をゆっくり開ける。主蒸気弁の開度が全開になったら、そこから半回転ほどハンドルを戻して、閉じる操作が容易に行えるようにしておく。

主蒸気弁が全開の状態にすると、熱膨張で弁が固着する恐れがあります。また、全開でハンドルが固定されていると、とっさに弁の状態を確認したい際に、弁が開いているのか、閉まっているのかの判別ができません。

表 4-3-1　蒸気圧力の上昇に際しての取り扱い

| 状況 | 取り扱い |
|---|---|
| 空気抜き | ボイラー内部の空気が抜けて、白色の蒸気の放出を確認したら、空気抜き弁を閉じる。 |
| 漏れの点検 | 水面計、吹出し弁その他付属品類の取り付け箇所や接続箇所の漏れの点検を行う。 |
| 圧力の監視と燃焼の調整 | 圧力計の表示を確認しながら、圧力の上昇度合いに応じた燃焼の調整を行う。その際、圧力計が正しく機能しているかを確認する。 |
| 水位の監視 | 2つの水位計の水位が同じであるかを確認する。ボイラーの焚き始めは、水温の上昇により水が熱膨張するため、水位が上昇する。 |
| 吹出し装置の機能確認 | 圧力が上がり始めたら、吹出しを行い、吹出し弁や吹出しコックの操作が問題なく行えることを確認する。吹出し装置からの漏れ（弁内部の漏れ）があると、吹出し管が高温になる。 |

 蒸気

　液体の水に熱を加えると液面から蒸発量が増えていき、やがて沸騰します。つまり、液体が気体となって、高い圧力を生じることで膨張したりします。これは、水に加えた熱エネルギーが蒸気のエネルギーになったためです。これを利用して、発電所で電気をつくったり、暖房をしたりすることができるのです。そして、冷やすとまた水になります。エアコンや冷蔵庫で見るあの水滴も、蒸気が冷えて水に戻るときのものです。要するに、蒸気は熱いお湯が変わってできるもやで、エネルギーが詰まっていて、さまざまな場面で役立っています。

# 通常運転中の取り扱い

　ボイラーを安全に運用するためには、水位と圧力を正常値に維持することが基本です。ボイラーの水位は、特に安全低水面以下に下げてはいけません。

## ●水位の状態監視

　運転中のボイラーは、給水や送気が行われているため、水面が上下に動いているのが普通です。運転中に水面が完全に停止している場合、連絡管のコックが閉じている可能性があります。また、2つの水面計を用いて両者の指示値が同じかを確認します。水位は常用水位一定に保つように制御や調整を行います。安全低水面以下の水位で運転をすることはないようにします。

## ●燃焼の維持と調整

　負荷の変化に応じて、蒸気圧力や温水温度を一定に保つように、空気量と燃料量の両方を増減して適切な燃焼を維持する必要があります。燃料量のみで燃焼量を調整しようとすると、空気と燃料の比率（空燃比、燃空比、空気過剰率などで示されます）が適正ではなくなります。

　その結果不完全燃焼が発生して、ばい煙、窒素酸化物、一酸化炭素などの大気汚染の原因物質が多量に生成し、ボイラー効率の悪化を招きます（表4-4-1、表4-4-2）。

表 4-4-1　燃料調整時の注意点

| 調整対象 | 注意点 |
|---|---|
| 燃料と空気 | 燃焼に用いる燃料と空気の量の双方を適正な比率に保つ。<br>無理焚きをしない。 |
| 火炎の流れ | ボイラー本体、炉壁に直接火炎が触れないようにする。 |
| 燃焼量 | 急激に増減しない。 |
| 燃焼量を増す場合 | 空気量を先に増やす（燃料が濃くなる状況をつくらない）。 |
| 燃焼量を減らす場合 | 燃料の供給量を先に減らす（燃料が濃くなる状況をつくらない）。 |
| 加圧燃焼 | ケーシングや断熱材の損傷、燃焼ガスの漏れを防止する。 |
| 空気量 | 過不足に注意し、効率の良い燃焼を行うようにする。 |

表 4-4-2　空気量の過不足の判断

| 状況 | 判断 |
|---|---|
| 酸素濃度 | 多すぎると残存している酸素濃度が増加する。 |
| 燃焼火炎の色や形態 | 空気量の過不足を推定できる。 |
| 空気量が適性の場合 | 火炎はオレンジ色で炉内に煙がなく見通しがきく。 |
| 空気量が多い | 炎が短く、輝白色で明るい火炎が生じる。 |
| 空気量が少ない | 炎は暗赤色で煙が生じる。 |

## ●ボイラー水の吹出し

ボイラーを運転していると、水の蒸発に伴って水中の不純物が濃縮し、スラッジなどが生成されてボイラー底部にたまります。吹出しは、スラッジなどを排出し、濃縮したボイラー水の濃度を下げるために行います。吹出しは、ボイラーの底部に設けた吹出し管の吹出し弁を開くなどして行います。

吹出しは、以下の状態のいずれかで行います。

・ボイラーを運転する前
・ボイラー運転を停止したとき
・燃焼が弱く負荷が小さいとき

スケールやスラッジが多量に生成する条件の場合、ボイラー運転中にも吹出しを行います。

・水管ボイラーの水冷壁の吹出し弁は、ボイラー水排出用のため、運転中に水冷壁の吹出しを行ってはいけない。
・鋳鉄製ボイラーの吹出しは、運転中に行ってはならない。

> ！ スラッジ
>
> スラッジとは、配管の錆や有機的な化合物、機械油などが底部に集まった汚泥のことです。スラッジの堆積は、熱伝達率の低下を招き、ボイラーの性能を劣化させることがあります。また、スラッジが熱交換器の管を詰まらせたり、腐食を促進したりする可能性もあります。これによって、ボイラーの効率が低下し、運転コストが増加する可能性があります。スラッジの管理は重要であり、適切な水処理や定期的なメンテナンスが必要です。水中の不純物を最小限に抑え、スラッジの堆積を防ぐために、適切な化学添加剤やろ過システムを使用することが一般的です。適切なスラッジ管理は、ボイラーの性能を維持し、運転安定性を確保するために欠かせない要素です。

## ●運転の停止順序

ボイラーの運転を終了する際には、図 4-4-1 に示す順序で行います。

図 4-4-1　運転時の停止順序

```
┌─────────────────────────────────────┐
│ ① 燃料：供給を停止する                  │
└─────────────────────────────────────┘
              ↓
┌─────────────────────────────────────┐
│ ② 換気：炉内に空気を送り、炉内と煙道を換気する │
└─────────────────────────────────────┘
              ↓
┌──────────────────────────────────────────────┐
│ ③ 給水：給水を行うことで圧力を下げ、給水弁を閉じ、給水ポンプを止める │
└──────────────────────────────────────────────┘
              ↓
┌─────────────────────────────────────┐
│ ④ 蒸気弁：閉じてドレン弁を開く            │
└─────────────────────────────────────┘
              ↓
┌─────────────────────────────────────┐
│ ⑤ ダンパ：閉じる                        │
└─────────────────────────────────────┘
```

## ●伝熱面のすす掃除

　伝熱面にはすすが堆積し、伝熱効果を低下させます。水管ボイラーではスートブローを行ってすすを、煙管ボイラでは煙管掃除を行ってすすを掃除します。スートブローは、水管ボイラーの運転中に伝熱面に付着したすすに蒸気や圧縮空気を吹き付けてすすを除去するものです。以下の注意が必要です。

・スートブローは、燃焼量が低い状態で行うと火が消える恐れがある。
　そのため、最大負荷よりもやや低い程度負荷で行うとよい。
・1か所に長く吹き付けない。
・スートブローの前に、スートブロアーからドレンを十分抜き、乾燥した蒸気を吹き付けるようにする。
・スートブローの後は、煙道のガス温度や通風損失を測定し、効果を判断する。

# 運転時の異常への対応

## ●異常低水位の原因

異常低水位の原因を以下に示します。

- 水位監視不良（見落とし、誤認など）
- 水面計の不具合
- ボイラー水の漏れ
- 蒸気の大量消費
- 低水位遮断装置の作動不良
- 給水系統の不良（タンク水量不足、ポンプ故障、配管閉塞、給水温度 過昇によるポンプ動作不良など）

## ●低水位の措置

低水位の措置を以下に示します。

- 燃料供給を止めて燃焼を停止する。
- 換気を行い、炉を冷却する。
- 主蒸気弁を閉じて、送気を停止する。
- ボイラーが自然冷却するのを待ち、点検を行う。
- 急冷による損傷の恐れがあるため、給水をしない。特に鋳鉄製ボイラー では、いかなる場合でも給水をしてはならない。

## ●ボイラー非常停止の手順

ボイラーに異常が認められて非常停止をする際には、原則的に図4-5-1の順序でボイラーを停止します。

図 4-5-1　非常停止の手順

① 燃料：供給を停止する

↓

② 換気：煙道を換気する

↓

③ 蒸気弁：主蒸気弁を閉じる

↓

④ 給水：給水が必要な場合は給水する

↓

⑤ ダンパ：解放したまま自然通風を続ける

## ●キャリオーバ

ボイラー水に含まれる固形物や蒸気が蒸気に混ざり、蒸気の純度をさげてしまう現象を**キャリオーバ**と呼びます。キャリオーバにはプライミング（水気立ち）とホーミング（泡立ち）があります（表4-5-1）。

表 4-5-1　キャリオーバの種類

| 種類 | 現象 | 原因 |
|---|---|---|
| プライミング | ボイラー水が水滴となって蒸気とともに送り出される。 | 上記流量の急増などによる水面の変動 |
| ホーミング | 泡が発生してドラム内に広がり、蒸気に水分が混ざって送り出される。 | 溶解性蒸気残留物が過度に濃縮<br>有機物の存在 |

## ●キャリオーバの原因と対策

表 4-5-2 にキャリオーバの原因と対策をまとめます。

表 4-5-2　キャリオーバの原因と対策

| 原因 | 対策 |
|---|---|
| 蒸気負荷が過大であるため。 | 燃焼量を下げる。 |
| 高水位であるため。 | 一部吹出し（ブロー）して常用水位にする。 |
| ボイラー水が過度に濃縮されているため。<br>不純物が多く、油脂分が含まれているため。 | 水質試験を行い、吹出し量を増す。<br>必要に応じてボイラー水を入れ替える。 |

## ●燃焼異常への対応

油燃焼中に、火炎中に火花が発生することがあります。その原因を以下に示します。

・バーナーの故障または調整不良。
・油圧、油温が適正ではない。
・通風が強すぎる。

火炎が、焚き口から炉外に吹出る現象を**逆火（バックファイヤ）**と呼びます。バックファイヤが発生しやすい条件は次のとおりです。

・炉内の通風力が不足している（煙道ダンパの開度が不足しているなど）。
・点火時に着火遅れが生じたため。
・空気よりも先に燃料を供給したため。
・複数のバーナーを有するボイラーの場合、燃焼中のバーナーの火炎によって次のバーナーに点火したため。

## ●炭化物（カーボン）の除去

バーナーチップや炉壁に炭化物が付着する原因とそのときの処置を表4-5-3に示します。

表 4-5-3　炭化物が付着する原因と対策

| 原因 | 対策 |
|---|---|
| 油の噴射角度が適切ではないため。 | バーナーの取り付けを正す。バーナーチップまたはカップを取り替える。 |
| 油圧、油温が適正ではないため。 | 適正値に調整する。 |
| バーナーチップが汚損・摩耗しているため。 | 清掃、交換を行う。 |

## ●異常消火の発生

バーナーの火炎が突然消火する現象を**異常消火**と呼びます。直ちに燃料弁を閉め、表4-5-4に示す点検と確認を講じます。

表 4-5-4　異常消火の点検と確認

| 点検内容 | 確認内容 |
|---|---|
| 燃料遮断装置 | 作動していないか。 |
| 燃料と空気 | 割合が適切か。 |
| バーナーの憤油口 | 詰まっていないか。 |
| 油ろ過器 | 詰まっていないか。 |
| 油 | 水分、空気、ガスが多く含まれていないか。 |
| 油の温度 | 低すぎないか。 |
| 蒸気噴霧 | 蒸気に水分が含まれていないか。 |
| 噴射蒸気、噴霧空気 | 圧力が高すぎないか。 |
| 電源 | 停電していないか。 |

# 付属装置の取り扱い

## ●圧力計

圧力計の取り扱いについては、表4-6-1に示す事項を行います。

表 4-6-1　圧力計の取り扱い

| 圧力計 | 取り扱い |
|---|---|
| 目盛 | 最高使用圧力の2倍前後のものを用いる。 |
| 最高圧力の表示 | 赤で表示する。 |
| 常用圧力の表示 | 緑色などで示す。 |
| 蒸気圧の測定 | 蒸気が侵入するのを防ぐために、サイホン管に水を満たしておく。 |

　なお、圧力計の試験は原則毎年1回行います。また、寒冷地でボイラーを停止する場合は、凍結を防ぐためサイホン管内の水を抜いておきます。

## ●水面計ガラス管

　水面計のガラス管は、表4-6-2の要因で破損します。破損したガラス管を交換する際には、破損した要因を調べて対策を講じます。

表 4-6-2　水面計ガラス管の破損

| 破損箇所 | 要因 |
|---|---|
| ガラス管の上下のコック | 中心が一致していないために、ガラス管に無理な力がかかる。パッキン押えナットの締めすぎ。 |
| ガラスの表面 | 腐食と摩耗。 |

水面計の機能試験の時期を以下に示します。

・ボイラーの焚き始めと、圧力が上昇し始めたとき。
・2組の水面計の水位が異なっているとき。
・水位の動きが鈍いなど、水面計の機能に疑いが生じたとき。
・キャリオーバ（プライミング、フォーミング）が生じたとき。
・取り扱い担当者を交代したとき。

## ●安全弁

安全弁は表4-6-3に示す要因により、不具合が生じます。

表 4-6-3　安全弁の不具合の要因

| 不具合の状態 | 要因 |
|---|---|
| 蒸気漏れ | 弁体と弁座のすり合わせが悪い。<br>弁体と弁座の間に異物が挟まっている。<br>弁体と弁座の中心がずれて、弁と弁座のあたり面の接触圧力が不均一になっている。<br>ばねが劣化して、弁を押す力が弱くなっている。 |
| 作動しない | ばねの締めすぎ。<br>熱膨張により弁体円筒部が密着している。<br>弁棒に曲がりがあり、弁体貫通部に弁体が強く接触している。 |

なお、安全弁が2個ある場合は、片方の安全弁を最高使用圧力以下にし、他方の安全弁は最高使用圧力の3%増以下で作動するように設定します。

●ボイラーの清掃

ボイラーの外面および内面の清掃は表 4-7-1 に示す目的で行います。

表 4-7-1　ボイラーの外面および内面の清掃

| 清掃部 | 目的 |
|---|---|
| 外面 | 外面へのすすの付着状況から、燃焼管理の良否を判断する。<br>すすの付着によるボイラー効率の低下を防ぐ。<br>通風の妨げとなる、堆積した灰を除去する。<br>腐食を防止する。 |
| 内面 | スケールやスラッジの堆積状況や腐食の状況から、水管理の要否の判断。<br>スケールやスラッジの堆積によるボイラ効率の低下を防ぐ。<br>スケールやスラッジは熱伝導率が低く熱を伝えにくいため、付着した部分が過熱する。そのため、それらの原因となるスケールやスラッジを除去する。<br>穴や管の閉そくによる、安全装置、自動制御装置への障害を防止する。<br>ボイラー水の循環障害を防ぐ。 |

🛈 ボイラーの内面・外面

　ボイラーの内面は、燃焼や加熱される部分であり、高温と高圧にさらされます。内面は一般的に耐熱性の高い材料でつくられており、耐久性と熱伝導性が重要です。内面は、燃料が燃焼して熱エネルギーが生成され、水を加熱し蒸気を生成する役割を果たします。一方、ボイラーの外面は、内部機構を保護する役割を果たします。一般的に断熱材や保護材料で覆われており、熱損失を最小限に抑えるために設計されています。絶縁材料は熱エネルギーの放射や散逸を防ぎ、ボイラーの効率を向上させる役割を果たします。

## ●ボイラー内部に入る場合の注意

ボイラーの内部に入る場合の注意を以下に示します。

- マンホールのふたを外す場合は、内部に圧力がかかっていないことを確認する（正圧になっていないかだけでなく、負圧になっていないことも確認）。
- マンホールを全開にする場合は、初めに微開（わずかに開く）して、マンホール内部と外気との圧力のバランスをとる。
- 胴内部を換気する場合は、ふたを開け、胴内部に十分に空気が流通するように、穴や管台部分を開放する。
- 酸素濃度が低い場合は、仮設ファンを設置して換気する。
- 主蒸気弁、給排水弁を通じた蒸気や水の逆流を防止する場合は、フランジ継ぎ手部分で遮断板により遮断するか、連絡している弁を開くことができないように施錠する。
- ボイラー内に入る作業者は、1人で作業をするのではなく、必ずボイラーの外に監視者を配置する。
- 作業に使用する照明は、安全ガード付きのものを用いる。
- 移動用電線は、キャブタイヤケーブルを使用する。

## ●ボイラー内部の洗浄

ボイラー内部に堆積したスラッジやスケールなどの洗浄方法には、清掃用工具を用いて洗浄する機械的洗浄と、薬液を用いて洗浄する化学的洗浄があります。化学的洗浄には、酸を用いた酸洗浄とアルカリを用いたアルカリ洗浄があります。

### 機械的洗浄

スケールハンマー、スクレッパ（きさげ）、ワイヤブラシなどを用いて機械的に（物理的に）清掃を行います。ボイラー本体に傷をつけないように注意しながら、スケールを削り落とします。

**酸洗浄**

酸洗浄は、酸性の薬液を用いてボイラー内のスケールを溶解除去します。

・洗浄液には、主に塩酸が用いられる。
・洗浄の際、ボイラーの腐食防止のために腐食防止のための抑制剤（インヒビタ）を用いる。必要に応じてその他の添加剤（シリカ溶解剤、銅溶解剤、銅封鎖剤、還元剤）が用いられる。
・洗浄の工程は、前処理、水洗、酸洗浄、水洗、中和防錆処理で行われる。前処理は、シリカ分が多い硬質スケールの場合に、薬剤で膨潤させて洗浄効果を高めるために実施する。
・洗浄作業中は水素が発生するため、酸を扱う作業期間中は、ボイラー周囲では火気厳禁とする。

**アルカリ洗浄（ソーダ煮）**

ボイラー内面に付着している油脂、ペンキ類を除去するために、水酸化ナトリウムなどを用いて洗浄します。

図 4-7-1　ボイラーの清掃

## ●休止ボイラーの保存

　休止中のボイラーを保存する際には、以下に示す保存法を実施することで保存中に腐食などが発生することを防ぎます。

### 満水保存法

　3か月程度以内の休止期間の場合で、かつ凍結の恐れがない場合には、満水保存法で保存します。

- 満水保存剤が所定濃度になるようにボイラー水に注入し、保存する。
- ボイラー水（保存水）のpH、鉄および薬剤濃度を月に1〜2回測定し、保存剤の状態が適正か確認する。保存剤濃度が低下している場合、薬剤を添加する。
- 鉄が増加傾向にある場合、一度ボイラー水をすべて排出（全ブロー）して、新たに所定濃度の薬剤を注入する。
- ボイラーを運転する場合、全ブローして内部点検をした後、水張りして運転を行う。

### 乾燥保存法

　長期間休止する場合や、満水保存法では凍結の恐れがある場合には、乾燥保存法を用います。

- ボイラー水をすべて排出し、清掃をした後、少量の燃料を燃焼させて完全に乾燥する。
- ボイラー内に蒸気や水分が入らないように、蒸気管、給水管を閉止して外部との連絡を絶つ。
- 吸湿剤（シリカゲル、活性アルミナ）をボイラー内に数か所設置し、密閉する。
- 1〜2週間後に吸湿剤を点検する。その結果をもとに、吸湿剤の取り替え時期などを決める。

# ボイラーの水管理

## ●ボイラー水の種類

ボイラー水には、以下の4種類があります。

### 天然水（自然水）

雨などが地表水（河川水、湖沼水）または地下水の状態で存在するものです。地表水は、鉱物質の溶解量は少ないですが、気体、有機物、懸濁物を含み、水質も変動しやすいです。地下水は、溶解物質が多く、採水場所によって水質が異なります。これらの水質の変化には、用水の管理上注意が必要です。

### 水道水

水道水は、飲料目的に処理がなされ、塩素で殺菌処理をしています。不純物も少ないため、低圧ボイラーではそのまま給水に用いられる場合もあります。工業用水道水として地表水を浄化処理したものを**工業用水**と呼びます。工業用水の浄化処理は飲料用水道水ほど厳格ではなく、また、塩素殺菌処理は行っていません。

### 復水

復水とは、ボイラーで発生した蒸気が凝縮されて液体の水に戻ったもので、不純物が少なくボイラー水として好適です。

### ボイラー用処理水

水道水などの原水をボイラー給水用に処理した水です。軟化水、イオン交換水などがあります。

## ●ボイラー水の水質

ボイラー水の水質を基準には、水素イオン濃度、酸消費量、硬度があります。

**水素イオン濃度**は、酸性や塩基性（アルカリ性）の度合いを示す指標で、pH で表します。pH の値の意味は以下のとおりです。

・pH は 0 〜 14 まである。
・pH = 7 は中性。pH が 7 未満は酸性、7 より大きければ塩基性。
・pH の数値が小さいほど強い酸性、大きいほど強い塩基性になる。

**酸消費量**は、水の中に含まれる水酸化物、炭素塩、炭酸水素塩などのアルカリ分を示すもので、炭酸カルシウム（$CaCO_3$）に換算して資料 1L 中に含まれる質量［mg］で濃度を表します（表 4-8-1）。

表 4-8-1　酸消費量と内容

| 酸消費量 | 内容 |
|---|---|
| 酸消費量（pH4.8） | 試薬にメチレット溶液を用いて、アルカリ成分を pH4.8 まで中和するのに要する酸の消費量 |
| 酸消費量（pH8.3） | 試薬にフェノールフタレイン溶液を用いて、アルカリ成分を pH8.3 まで中和するのに要する酸の消費量 |

**硬度**は水中のカルシウムイオンとマグネシウムイオンの総量です（表 4-8-2）。

表 4-8-2　ボイラー水の硬度と内容

| 硬度 | 内容 |
|---|---|
| 硬度・全硬度［mg/L］ | 水中のカルシウムイオンおよびマグネシウイオンの量をこれに対応する炭酸カルシウムの量に換算して 1L 中に含まれる質量［mg］で表したもの |
| カルシウム硬度［mg/L］ | 水中のカルシウムイオンの量を対応する炭酸カルシウムの量に換算して 1L 中に含まれる質量［mg］で表したもの |
| マグネシウム硬度［mg/L］ | 水中のマグネシウムイオンの量を対応する炭酸カルシウムの量に換算して 1L 中に含まれる質量［mg］で表したもの |

# ボイラー水中の不純物

## ●溶存気体

　ボイラー水中の溶存気体には、酸素、二酸化炭素などがあります。これらは、鋼材の腐食の原因となります。

## ●全蒸発残留物

　ボイラー内での蒸発によって不純物が濃縮し、スケールやスラッジとなって腐食や伝熱管の過熱の原因となります。全蒸発残留物には次のものがあります。

- ・カルシウム、マグネシウムの化合物
- ・シリカ化合物
- ・ナトリウム化合物
- ・懸濁物（泥、砂、有機微生物、水酸化鉄など）

全蒸発残留物と溶解性蒸発化合物と懸濁物の関係は次のとおりです。

　　　全蒸発残留物 ＝ 溶解性蒸発化合物 ＋ 懸濁物

　つまり、懸濁物を含まない水の場合、全蒸発残留物の量は、溶解性蒸発化合物の量と等しくなります。

## ●不純物がもたらす障害

　給水中の溶解性蒸発残留物が濃縮して伝熱面に付着したものを**スケール**と呼びます。スケールの熱伝導率は炭素鋼の 1/20 ～ 1/100 程度と極めて低いことから、ボイラーの伝熱面にスケールがたまるとそれが断熱材の役目を果たし、ボイラー効率の悪化や過熱をもたらします。

表 4-9-1　スケールによる障害

| 障害部分 | 障害 |
|---|---|
| 炉筒や水管 | 伝熱面が過熱する。 |
| 炉筒、煙管、水管 | 腐食が発生する。 |
| 付着物 | 水の循環が悪くなる。 |
| 管、コック類など | 小穴に目詰まりを起こす。 |

## ●腐食

　溶存気体、pH の低下、溶融塩類および電気化学的作用などによって、ボイラーの腐食が起こります。

　腐食には、全面腐食と局部腐食があります。全面腐食は、腐食が全面にわたって均一に進行する腐食現象のことです。局部腐食は、金属表面の局部に集中して起こる腐食のことで、ピッチング（点食）とグルービングがあります。ピッチングは、水中の溶存気体（主に酸素と二酸化炭素）の作用によってボイラー内面に点状の腐食が起こることです。一方、グルービングは、フランジ、鏡板と胴板の取り付け部、ステー取り付け部など、強い応力が生じる箇所で生じるもので、応力腐食割れの一種です。

　腐食を防止する方法として、ボイラーの酸消費量を調整することや、ボイラー水をアルカリ性（pH 11.0 〜 11.8）にするなどしています。

# ボイラー補給水の処理

## ●単純軟化法

　水中の硬度成分を除去する装置です。廉価のため主に低圧ボイラーで用いられています。Na（ナトリウム）型強酸性陽イオン交換樹脂中に給水を通過させて、水中に含まれる硬度成分（カルシウム、マグネシウム）を樹脂に吸着させ、樹脂のナトリウムと置き換え（交換）します。

## ●イオン交換水製造法

　高圧・高温ボイラーの給水は高純度のものが必要です。そのため、すべての塩類を除去した高純度のイオン交換水が使用されます。樹脂をいろいろと組み合わせて行います。

## ●膜処理法

　逆浸透法を用いてイオンの除去を行います。カルシウムやマグネシウムなどを通さない半透膜を用いて、純水を生成します。

---

### ❗ イオン交換水

　イオン交換水は、水中の不純物やイオンを除去するために使用される特殊な水です。一般的には、イオン交換樹脂を利用して不純物の除去が行われます。イオン交換樹脂は、特定のイオンを吸着し、同時に不要なイオンを水に放出する性質を持っています。そのため、イオン交換水は、硬水の軟化や水道水中の塩素や重金属の除去、特定のイオン濃度の調整など、さまざまな目的に使用されます。イオン交換水は、純度の高い水を必要とする産業プロセスや研究室などで広く利用されており、水の品質向上や処理効率の向上に貢献しています。

## ●溶存気体の除去（脱気）

　イオン交換法と膜処理法では、溶存気体（$O_2$、$CO_2$）の除去はできません。そのため、脱気（表4-10-1）によりそれらを取り除きます。

表 4-10-1　脱気による除去法

| 脱気法 | 操作 |
|---|---|
| 加熱脱気法 | 水を加熱して残存気体の溶解度を減少させて脱気する。酸素と二酸化炭素を脱気できる。 |
| 真空脱気法 | 水を真空雰囲気にさらすことで溶存気体を取り除く。酸素と二酸化炭素を脱気できる。 |
| 膜脱気法 | 高分子気体透過膜を用いて水中の溶存酸素を取り除く。 |

## ●清缶剤の利用

　配管内のスケールの発生や腐食を抑制する目的で、ボイラーで循環させる水に添加する薬剤を**清缶剤**と呼びます。清缶剤の種類と役割を表4-10-2に示します。

表 4-10-2　清缶剤の役割

| 清缶剤 | 役割 |
|---|---|
| pH および酸消費量の調整剤 | スケールの付着防止、ボイラーの腐食防止の作用がある。 |
| 軟化剤 | ボイラー水中の硬度成分を軟化して、スラッジをつくることでボイラー水の硬度を下げて、スケールの付着防止効果をもたらす。 |
| スラッジの調整剤 | ボイラー内の軟化で生じたスラッジを微細化、分散化させることで、ボイラー表面へのスケールの固着を防ぐ。 |

## ！ ボイラーの安全な稼働

　ボイラーの安全な稼働には、いくつかの要件があります。詳細な要件については規制や専門家のアドバイスを参考にしましょう。

- **適切な設計と製造**：ボイラーは適切な設計基準と製造基準に従って製造される必要があります。設計や製造には国際的な規格や基準を満たす必要があります。
- **定期的な点検と保守**：ボイラーは定期的な点検と保守が必要です。これにはボイラーの各部品や機能の点検、清掃、修理、交換が含まれます。点検と保守は、ボイラーの安全性と効率性を確保するために非常に重要です。
- **適切な設置と配管**：ボイラーは適切な設置場所に設置され、適切な配管が行われる必要があります。設置場所や配管には、燃料供給、排気、水供給、排水などの要件が含まれます。
- **安全装置の設置**：ボイラーには安全装置が設置されている必要があります。これには、圧力リリーフバルブ、温度制御装置、水位制御装置などが含まれます。これらの装置は、ボイラー内の圧力や温度、水位などを監視し、過剰な圧力や異常な状態が発生した場合に安全に運転を停止する役割を果たします。
- **適切なトレーニングと運転者の資格**：ボイラーを運転する人は、適切なトレーニングを受け、必要な資格を持っている必要があります。運転者はボイラーの正しい操作方法や安全な運転手順を理解し、適切な対応ができるようにするための訓練を受ける必要があります。

# 第 5 章

# 燃焼の
# しくみと燃料

　ボイラーは燃焼を利用した装置で、燃料（天然ガス、石油、石炭など）を燃やすことで生じる熱を利用します。この燃焼によって発生した熱はボイラー内の水を加熱し、蒸気を生成します。この蒸気は、電力を生成したり、暖房や冷却のために利用したり、産業プロセスで使用したりすることができます。燃焼はボイラーの機能を実現するための主要なエネルギー源です。

# 5-1 燃料の基本

## ●燃料の分類

ボイラーで用いる燃料を大別すると、表 5-1-1 のようになります。

表 5-1-1　ボイラーに用いられる燃料の種類

| 種類 | 燃料 |
|---|---|
| 液体燃料 | 重油、軽油、灯油など |
| 気体燃料 | 天然ガス（都市ガス）、液化石油ガス（LP ガス）、石炭ガス、高炉ガス、オフガス、水素 |
| 固体燃料 | 石炭、コークス、木材 |
| 特殊燃料 | 樹皮、木くず、都市ごみ |

## ●発火点（着火温度）

　例えば、図 5-1-1（1）に示すように、灯油などの可燃性液体を、裸火や電気火花などの点火源に触れないようにゆっくり加熱していき、液温がある温度に到達すると、外部からの点火がなくとも燃焼が起こります。これを**発火**といいます。発火が起こる最低の液温を**発火点**または**着火温度**といいます。

## ●引火点

　大気中に置かれた常温のガソリンは発火しませんが、裸火や火花を近づけると容易に燃焼が起こります。この現象を**引火**といいます。また、液温が低すぎると、引火は起こりません。図 5-1-1（2）に示すように、他の熱源を着火源として引火が起こる最低の液温を**引火点**といいます。

図 5-1-1　発火点と引火点

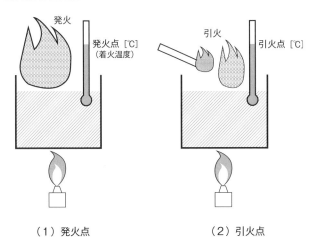

（1）発火点　　　　　　　　　　（2）引火点

●**発熱量**

　燃料を燃焼させると、熱が発生します。このときの熱の発生量は、燃料や燃焼条件によって変わります。燃料を燃焼させた際に放出される熱量を**発熱量**と呼びます。発熱量は、ある決められた量の燃料を燃焼させた際の熱量で表します。熱量の単位は、基本的に MJ（メガジュール）を用います。液体・固体燃料は 1kg あたりの発熱量（MJ/kg）で表し、気体燃料は標準状態（0℃、1 気圧）で 1m³ あたりの発熱量（MJ/m³N）で表します。

　発熱量には、高発熱量（総発熱量）と低発熱量（真発熱量）の 2 種類が用いられます。高発熱量は、燃焼で生じた水が液体に凝縮する際の凝縮熱（潜熱）を含めた発熱量です。つまり、高発熱量と低発熱量は、水の凝縮熱（蒸発熱と等しい）分だけ異なります。

## ●燃料の成分分析

　燃料の成分は、発熱量、燃焼特性、排出ガス特性に直接的に影響を及ぼします。そのため、使用する燃料の成分を把握することが重要です。燃料の成分分析法として、元素分析、成分分析、工業分析があります（表5-1-2）。

表 5-1-2　燃料の成分分析

| 燃料の成分分析方法 | 概要 |
|---|---|
| 元素分析 | 液体・固体燃料の組成を示すのに用いられる。燃料は、炭素、水素、硫黄、酸素、窒素などの成分から構成される。元素分析では、炭素、水素、窒素、硫黄の元素成分を測定・分析してその量を求め、100からその数値を引いた残りが酸素であるとしたもの。各元素の割合は質量（%）で表す。 |
| 成分分析 | 気体燃料に対しては、メタン、エタン、プロパンなど、気体燃料に混合している成分を分析して、体積（%）で表す。都市ガス、LPガスの成分などが相当する。 |
| 工業分析 | 石炭などの固体燃料を気乾試料（大気の湿度と同等になるまで乾燥させた試料サンプルのこと）とし、水分、灰分、揮発分を測定し、残りを固定炭素として質量（%）で表す。工業分析の結果によって、石炭の分類と燃焼特性が表される。 |

---

### 💬 ボイラーから排出されるガス

　ボイラーの燃焼プロセスによって発生するガスは、一般的に「排ガス」と呼ばれます。これらの排ガスには、燃料の種類や燃焼条件によって異なる成分が含まれます。主な排ガス成分には、二酸化炭素（$CO_2$）、二酸化硫黄（$SO_2$）、窒素酸化物（NOx）、一酸化炭素（CO）、有機化合物があげられます。

　これらの排ガス成分は、適切な排ガス処理装置を使用することで制御できる場合があります。排ガス処理装置には、煙突の高さを確保し、煙突による排気拡散、排ガスの浄化装置（脱硫装置や脱硝装置）、フィルター装置などが含まれます。特に大規模な産業用ボイラーでは、排ガスの環境への影響を最小限に抑えるような高度な排ガス処理が行われることが一般的です。

図 5-1-2　ボイラーの燃焼

●**液体燃料の特徴**

ボイラー用燃料として最も多く用いられているのは重油です。また、灯油、軽油なども用いられます。これらの燃料は原油から生成され、**液体燃料**と呼びます。

加熱した原油を常圧蒸留装置によって、各成分の沸点が違うことを利用して、各温度範囲に**分留**（原油が気体になるまで沸騰し始める温度の高い順に各成分を取り出す方法）します。この処理によって、沸点が高い順に軽油留分（240℃〜350℃）、灯油留分（170℃〜250℃）、ガソリン・ナフサ留分（35℃〜180℃）、石油ガス留分（−41℃〜1℃）に分留されます（図5-2-1）。

図 5-2-1　原油の精製過程

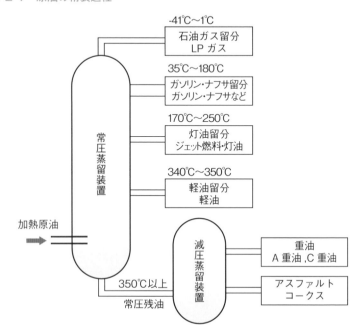

石油ガス留分は、LPガス（液化石油ガス）として主にタクシー、家庭や店舗用ガスコンロなどで使用されます。灯油は暖房やジェット燃料として使用されます。軽油はディーゼル燃料として、重油はディーゼル燃料やボイラー燃料などとして用いられます。

　液体燃料は、固体燃料と比べて次の利点があります。

・品質が安定している。
・発熱量が固体燃料よりも高い。
・貯蔵中に変質しにくい。
・輸送、貯蔵がしやすい。
・灰分が少ない。
・計量がしやすい。

## ●重油

　JISで規定されている重油の分類を表5-2-1に示します。重油は、動粘度によって1種（A重油）、2種（B重油）、3種（C重油）に分けられます。

---

 分留

　分留（ぶんりゅう、Distillation）は、混合物をその成分に分けるための物理的な分離技術の1つです。このプロセスでは、混合物を加熱して気体にし、それから再び冷却して液体にすることで、成分ごとに異なる沸点を利用して分離します。分留は石油精製やアルコール製造など、さまざまな産業分野で広く利用されています。例えば、石油精製においては、原油からガソリン、軽油、灯油、重油などの異なる油種を分留によって得ることができます。それぞれの油種は異なる沸点を持っているため、加熱した原油の蒸気を冷却することで、異なる油種が個別に液体として収集されます。

表 5-2-1　重油の JIS 規格（JIS K 2205-1991 から抜粋）

| 項目 | 種類 | | | | | | |
|---|---|---|---|---|---|---|---|
| | 1 種（A 重油） | | 2 種<br>（B 重油） | 3 種（C 重油） | | | |
| | 1 号 | 2 号 | | 1 号 | 2 号 | 3 号 | |
| 反応 | 中性 | | | | | | |
| 引火点℃ | 60 以上 | | | 70 以上 | | | |
| 動粘度（50℃）mm²/s{cSt} | 20 以下 | | 50 以下 | 250 以下 | 400 以下 | 400 超<br>1000 以下 | |
| 流動点℃ | 5 以下 | | 10 以下 | – | – | – | |
| 残留炭素分質量% | 4 以下 | | 8 以下 | – | – | – | |
| 水分容量% | 0.3 以下 | | 0.4 以下 | 0.5 以下 | 0.6 以下 | 2.0 以下 | |
| 灰分質量% | 0.05 以下 | | | 0.1 以下 | | | |
| 硫黄分質量% | 0.5 以下 | 2.0 以下 | 3.0 以下 | 3.5 以下 | – | | |

重油の性状は表 5-2-2 のように整理できます。

表 5-2-2　重油の性状

| 性状 | A 重油 | B 重油 | C 重油 |
|---|---|---|---|
| 粘度 | 粘度が小さい重油のほうが良好な噴霧を得られやすいため扱いやすい。また、粘度が大きいと、流動しにくくなるため、輸送も難しくなる。 | 粘度が高い燃料をボイラーで燃焼させる際には、燃料を予熱して粘度を下げて利用する。なお、密度が大きい重油のほうが粘度は高くなる。 | |
| 引火点 | 60℃以上 | | 70℃以上 |
| 流動点 | 5℃以下 | 10℃以下 | A 重油や B 重油よりも流動点が高い（JIS による流動点の規定はない）。 |

重油に含まれる不純物による影響を表5-2-3に示します。

表5-2-3　重油に含まれる重油に含まれる不純物と影響

| 不純物 | 影響 |
|---|---|
| 残留炭素 | 一定の試験条件では燃焼せずに残留する炭化物を残留炭素と呼ぶ。バーナーが不調の際に、噴霧口や燃焼室に未燃炭素が付着しやすくなる。ばいじんの発生量も多くなる。 |
| 水分 | 息づき燃焼の発生や、燃料中に懸濁浮遊物の発生を招く。 |
| 灰分 | 伝熱面に付着して田悦を阻害する。バナジウムを含む灰は、高温腐食を起こす原因になる。 |
| 硫黄 | 有害な硫黄酸化物を発生し、大気汚染、酸性雨などの原因になる。燃焼によって硫酸を発生し、ボイラー低温部分にて低温腐食を起こす。 |

図5-2-2　重油の精製プラント

# 5-3 気体燃料

## ●気体燃料の特徴

ボイラーに用いられる主な気体燃料には、天然ガス、液化石油ガス（LPG）などがあります。**気体燃料**は、液体燃料や固体燃料に比べて、発熱量あたりの二酸化炭素の発生量が少なく、環境対応上優れた点があります。気体燃料の特徴を次に示します。

・発熱量あたりの二酸化炭素排出量が少ない。
・燃料中に硫黄分、灰分などの不純物をほとんど含まないため、クリーンな燃焼が可能。
・燃料と空気が容易に混合するため、液体燃料のような微粒化、蒸発に必要なプロセスが簡素化できる。
・体積あたりの発熱量が小さく、容器や配管類が大型になる。
・漏洩時にガス爆発の危険性が高くなる。

## ●天然ガスおよび都市ガス

**天然ガス**は、マイナス162℃に冷却して液化させた液化天然ガス（LNG）として輸入されています。天然ガスをもとに、高発熱量が $45\,MJ/m^3N$ になるように調整した燃料が**都市ガス**です。成分はメタンが最も多く、その他にエタン、プロパン、ブタンなどが含まれます。天然ガスや都市ガスは、硫黄分などを含まないため、硫黄酸化物 SOx を排出しません。また、$CO_2$、NOx の排出量も相対的に少ないです。

## ●液化石油ガス（LPG）

　原油の生成過程でつくられる気体成分です。プロパン、ブタンなどが主成分です。圧力をかけると容易に液化するため、液化石油ガスとして貯蔵や運搬が行われます。

## ●その他の気体燃料

### オフガス

　石油化学、精製工場で副生ガスとして可燃性のガスが生成されます。プロセスにより異なりますが、主にメタン、エタン、プロパンなどの炭化水素のガス成分からなります。

### 製鉄所副生ガス

　製鉄プロセスにおいても水素や一酸化炭素、メタンなどが混合した副生ガスが発生します。成分割合はプロセスにより異なります。

図 5-3-1　液化石油ガスタンカー

5・燃焼のしくみと燃料

# 5-4 固体燃料

## ●固体燃料の特徴

固体燃料として主に用いられるのが石炭です。石炭は、長い年月を経て形成されますが、その間、酸素分が減少して炭素分が増加していきます。このように炭素の割合が増えていく進行度合を炭化度（石炭化度）で表します。

石炭は、炭化度に応じて、褐炭、瀝青炭、無煙炭などに分類されます。表5-4-1に石炭の種類と性質を示します。褐炭は発熱量が小さい燃料です。無煙炭は発熱量が高い燃料です。固定炭素を揮発分で割ったものを**燃料比**と呼び、褐炭＜瀝青炭＜無煙炭の順に大きくなります。

表 5-4-1　石炭の種類と性質

| 成分＼種類 | 石炭 | | |
|---|---|---|---|
| | 褐炭 | 瀝青炭 | 無煙炭 |
| 高発熱量 [MJ/kg] | 20 − 29 | 25 − 35 | 27 − 35 |
| 炭化度 | 小さい←――――→大きい | | |
| 水分 | 多い ←―――― → 少ない | | |
| 揮発分 | 多い ←―――― → 少ない | | |
| 固定炭素 | 少ない←――――→多い | | |
| 燃料比 | 低い ←―――― → 高い | | |
| 灰分 | 2 − 25 % | 2 − 20 % | 2 − 20 % |

図 5-4-1　石炭

### 💬 石炭の物語

　石炭、私たちの産業革命から現代にかけてのエネルギー資源として、そして経済の動脈として、数多くの歴史を作ってきた黒い石。この石炭はいったいどのようにして生まれたのでしょうか。石炭の物語は、数億年前の古代の森から始まります。その頃、地球は大量の植物によって覆われていました。これらの植物が死んだ後、地上や水中に堆積し、時間とともにさらに多くの土や他の植物で覆われていきました。このようなプロセスにより、死んだ植物の層は次第に地下深くに埋められていったのです。埋まった植物達は、上からの土や岩の重さによる圧力や地中の熱にさらされました。この圧力と熱の影響によって、植物の細胞構造や化学組成が変わっていきました。この変化の結果、初めは腐植土と呼ばれる褐色の物質ができ、さらに時間が経つにつれて褐炭、石炭、そして無煙炭という、より炭素成分が濃くなる過程を経て、私たちが一般的に知っている石炭が完成します。石炭が高い熱量を持つのは、それが大量の炭素分子を含んでいるからです。

# 5-5 燃料装置

## ●燃焼室に求められる要件

　燃料を効率的に燃焼させてボイラー伝熱面に効率良く熱を伝えることが、燃焼室に求められる基本的な要求です。そのため、以下の点が重要となります。

　・燃焼室の形状は、燃料、燃焼装置、燃焼方式に適したものであること。
　・燃料と燃焼用空気を急速に、かつ有効に混合できること。
　・着火が容易かつ速やかに行えること（必要に応じ、バーナータイル、着　火アーチを設ける）。
　・耐火材は、燃焼温度に対して耐久性があること。
　・炉壁は熱損失が少なく、ガスや空気の漏れがないこと。

## ●液体燃料の燃焼

　液体燃料の燃焼には、噴霧式燃焼法が用いられます。液体燃料を燃焼させるためには、燃料油をできるだけ早く蒸発させて、空気と混合することが重要です。そのため、噴霧される燃料油の粒径はできるだけ小さくすることが求められます。粒径が小さいほど、液体粒の質量あたりの表面積が増え、蒸発と化学反応と燃焼が促進されます。

　燃料を速やかに霧化させるために、バーナーを用いたバーナー燃焼を行います。特に、粘度が高くて蒸発しにくい燃料を用いる場合、燃料の加熱が必要になります。B重油では $50 \sim 60℃$、C重油では $80 \sim 105℃$ 程度に加熱を行います。液体燃料の加熱温度が適切ではない場合、表5-5-1のような問題を起こします。

表 5-5-1　加熱温度による問題点

| 加熱温度 | 問題点 |
|---|---|
| 低すぎる場合 | 霧化が不十分のため、燃焼が不安定になる。<br>霧化が不十分のため、すすなどの微粒子が発生し、炭化物（カーボン）が付着する。 |
| 高すぎる場合 | バーナーの管中で燃料が蒸発してベーパロックを起こす。<br>噴霧が不均一でむらがあるため、息づき燃焼が発生する。 |

## ●石炭と比較した重油燃焼の特徴

石油と比較した重油燃焼の特徴を表 5-5-2 に示します。

表 5-5-2　重油燃料の特徴

| 長所・短所 | 特徴 |
|---|---|
| 長所 | 重油は石炭に比べて発熱量［MJ/kg］が高い。<br>液体のため、貯蔵管理と運搬が容易である。<br>貯蔵中の発熱量低下や自然発火の恐れがない。<br>着火、停止を速やかに行うことが可能である。<br>少ない過剰空気で完全燃焼することができる。<br>すす、ダストの発生が少ないため、灰処理も不要である。 |
| 短所 | 燃焼温度が高いため、ボイラーの過熱や炉壁の損傷に注意が必要である。<br>炉内ガス爆発の危険性がある。<br>油の引火による火災予防に注意が必要である。<br>バーナーの構造によっては、騒音が発生しやすい。 |

# 気体燃料の燃焼

気体燃料は、蒸発過程を経ずに空気と混合することができるため、少ない空気で完全燃焼ができます。燃焼形態を以下に示します。

## ●予混合燃焼

燃料と空気をあらかじめ混合して燃焼する方式です。よく混合された混合気による安定した火炎の形成ができますが、流量などの調整をうまく行わないと、安定した火炎が維持できなくなります。

例えば、ガスの噴出速度が燃焼速度よりも遅くなると、火炎がバーナー内に戻っていく逆火が発生します。また、ガスの噴出速度が速すぎると、火炎が吹き飛びます。予混合燃焼は、主に点火バーナーに利用されます。

## ●拡散燃焼

燃料と空気を別々に供給し、混合させながら燃焼を行う方式です。燃焼火炎の上流に混合気が形成されていないため、逆火発生の心配がありません。混合気ではないためガス爆発の危険性も低くなります。

また、ガス燃料の噴射形態（噴射量、噴射角度など）によって、燃焼状態を調整することが容易です。そのため、ボイラーの主バーナーには拡散燃焼方式が利用されています。

## ●気体燃焼の長所

液体燃料と比較した場合、気体燃料の長所として以下の点があげられます。

・空気との混合状態を自由に設定できるため、火炎の調整が容易である。
・点火、消火が容易で安定した燃焼を実現できるため自動化がしやすい。
・燃料の噴霧装置、加熱装置などが不要である。
・ガス燃料の火炎は輝炎を生じにくいため、固体燃料や液体燃料に比べて放射率が低い。つまり、火炉での放射伝熱量が小さく、接触伝熱面での対流伝熱量が大きい。

### 💬 ボイラー内の温度

　ボイラー内の温度は、ボイラー内で燃料の燃焼や熱交換が行われる際の熱エネルギーのレベルを指します。ボイラーは、水や他の流体を加熱して蒸気や熱水を生成する装置であり、温度はその効果的な機能に大きな影響を与えます。ボイラー内の温度は、燃料の燃焼によって発生する熱エネルギーによって決定されます。燃料が燃焼すると、熱エネルギーが放出され、ボイラー内の水や流体を加熱します。この熱交換によって、ボイラー内の温度が上昇し、必要な熱量を得ることができます。

　適切なボイラー内温度の設定は重要であり、効率的なエネルギー利用や安全性に影響を与えます。温度が低すぎると、燃料の完全な燃焼が妨げられ、熱効率が低下する可能性があります。一方、温度が高すぎると、ボイラーの材料への負荷が増え、耐久性や安全性に悪影響を及ぼす恐れがあります。

　ボイラー内の温度は、制御システムによって適切に調整されます。これには、燃料供給の制御や排熱の適切な放熱が含まれます。また、高効率ボイラーでは、余剰熱の回収や排煙温度の最適化などの手法も採用され、温度の最適な管理が行われます。

# 5-7 固体燃料の燃焼

石炭などの固体を燃焼させる方法として、火格子燃焼方式、微粉炭バーナー燃焼方式、流動層燃焼方式が用いられます。

## ●火格子燃焼方式

火格子燃焼方式は、図 5-7-1 に示すように、多数のすきまがある火格子（燃焼室の中で燃料や焼却物を支え、下から空気を送る格子状のもの）の上で、石炭などの固体燃料を燃焼させます。燃料である固体を火格子の上に供給する**上込め燃焼方式**と燃料を火格子の下から供給する**下込め燃焼方式**があります。

図 5-7-1　火格子燃焼方式の構造

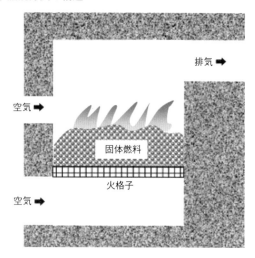

## ●微粉炭バーナー燃焼方式

石炭を粉砕した微粉炭を空気とともにボイラー内に圧送して微粉炭バーナーから炉内に吹き込みながら、液体や気体燃料のバーナー燃焼と同様に空間

中に噴出させて燃焼する方式を**微粉炭バーナー燃焼方式**と呼びます。発電用ボイラーや大容量ボイラーに使用されます。微粉炭バーナー燃焼方式の特徴を表5-7-1に示します。

表 5-7-1　微粉炭バーナー燃焼方式の特徴

| 長所・短所 | 特徴 |
|---|---|
| 長所 | 少ない過剰空気で高いボイラー効率の燃焼が可能。<br>幅広い品質の石炭を燃焼させることが可能。<br>点火と消火にも時間を要さない。<br>消火時に火格子上に残る石炭がない。<br>液体燃料、気体燃料との混焼が容易である。 |
| 短所 | 設備が大型で、所要動力も大きく、設備費、維持費が高い。<br>火格子燃焼方式に比べて大きな燃焼室が必要。<br>飛散する灰（フライアッシュ）が多く、集塵装置が必要。<br>微粉炭による粉じん爆発の恐れがある。 |

●**流動層燃焼方式**

　流動層燃焼方式では、立型の炉内に水平に設けられた多孔版の上に、粒径1〜5mmの石炭、石灰石（$CaCO_3$）などを供給します。加圧空気を下から吹き込むことで、多孔板上の石炭粒子が浮き上がって流動化しながら燃焼します。この方式は、燃焼温度が800〜900℃の低温に制御されるため、高温で発生しやすい窒素化物（NOx）の発生を抑制することができます。流動層燃焼方式の特徴を以下に示します。

・低質な燃料も利用できる。
・燃焼温度が低いため、窒素酸化物（NOx）の発生量が少ない。
・石灰石を用いることで炉内で脱硫ができる（SOxの排出を抑えられる）。
・層内での伝熱性能が高いため、ボイラーの伝熱面積が小さく済む。
・微粉炭バーナー燃焼に比べると、石炭粒径が大きいため、粉砕動力が軽減される。
・ばいじんの排出量が多い。

# 5 -8 通風

　ボイラーでは燃料と空気を燃焼させて排ガスが排出されます。炉や煙道内でのこれらのガスの流れを**通風**と呼びます。通風は、圧力差があるために起こります。この圧力差を**通風力**と呼び、単位はパスカル（Pa）やキロパスカル（kPa）で表されます。

## ●自然通風

　燃焼によって暖められたガスは膨張して密度が低下するため、浮力が生じて流れが発生します。自然通風は、煙突を用いて通風をする方式で、通風力が小さいため、小容量のボイラーで用いられます。この場合の通風力は、ボイラー内の温度が高いほど、煙突が高いほど大きくなります。

## ●人口通風

　ファンなどを用いて人工的に（強制的に）通風を行う方式を**人口通風**と呼びます。人口通風には、押込み通風と誘引み通風があります。

### 押込通風

　ファンを用いて、大気圧よりも圧力が高い炉内に燃焼用空気を押込む方式を**押込通風**（図5-8-1）と呼びます。炉内は大気圧力よりも高くなる加圧燃焼です。押込通風の特徴を以下に記します。

・炉内に漏れこむ空気がなく、ボイラー効率が良くなる。
・空気と燃料の混合がよく、燃焼効率が良い。
・気密が不十分の場合、燃焼室からのガス漏れが発生する。
・常温の空気をブロアで押し込むため、他の人口通風方式に比べて所要動力が小さい。

図 5-8-1　押込通風の構造

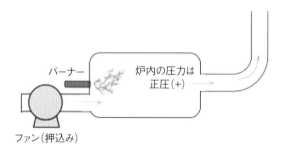

バーナー

炉内の圧力は
正圧(+)

ファン(押込み)

### 誘引通風

　煙道や煙突に設けたファンを用いて燃焼ガスを誘引方式を**誘引通風**と呼びます（図 5-8-2）。誘引通風の特徴を以下に示します。

・燃焼ガスの漏れが生じない。
・燃焼後の高温ガスは膨張して密度が小さくなっているため、押込通風に
　比べて大型のファンが必要で、所要動力も大きい。
・燃焼ガス中の腐食性の物質により、ファンの腐食などが起こる。

図 5-8-2　誘引通風の構造

バーナー

炉内の圧力は
負圧(+)

ファン(誘引)

# 5-9 燃焼と排ガス

## ●燃焼の3要素

　燃焼とは、光と熱の発生を伴う急激な酸化反応です。燃焼が起こるためには、燃焼の3要素「可燃物（燃料）」「酸化剤（空気など）」「熱源（点火源）」がすべて揃う必要があります。

　燃料および燃焼室の温度が燃料の着火温度以上に維持されなければ、燃焼の維持ができません。着火性がよく、燃焼速度が速い燃料を用いると、短い時間や小さな空間で燃焼ができるため、よりコンパクトな燃焼室が可能です。

## ●理論空気量

　燃料を完全燃焼させるのに必要な最小の空気量を理論空気量と呼びます。例えば、プロパン（$C_3H_8$）の場合、Cをすべて$CO_2$に、Hをすべて$H_2O$にするために必要な酸素量を理論酸素量と呼び、そのときの空気量を理論空気量と呼びます。液体燃料および固体燃料の場合、燃料1kgあたりに必要な、標準状態（0℃、1気圧）における空気の体積（$m^3N$）で示します。気体燃料の場合、燃料$1m^3N$あたりの空気の体積（$m^3N$）で示します。

## ●実際空気量

　実際の燃焼時に使われている空気量を**実際空気量**と呼びます。通常、理論空気量よりも多くの空気を送り込んで燃焼をさせています。

## ●空気比

　理論空気量$A_0$と実際空気量$A$の比を**空気比**$m$と呼びます。

$$空気比 \quad m = \frac{A}{A_0}$$

表 5-9-1 に一般的な空気比の範囲を示します。

表 5-9-1　空気比の概略値

| 燃焼の種類 | 空気比 |
|---|---|
| 固体燃料（微粉炭） | 1.15 ～ 1.3 |
| 液体燃料 | 1.05 ～ 1.3 |
| 気体燃料 | 1.05 ～ 1.2 |

## ●一次空気と二次空気

　一次空気は、燃焼室内の燃料の周囲に供給され、初期燃焼を安定させる役割を持っています。二次空気は、燃焼室内に供給され、燃料と空気の混合を促進して燃焼を完結させる役割を持っています（一次空気と二次空気については付録 2 を参照)。

## ●ボイラーの熱損失

　ボイラーでは、供給した燃料が燃焼によって熱に変わり、その熱で水などの流体を加熱します。燃料の持つ発熱量すべてが水などの加熱に使われることはなく、必ず損失が起こります。主な損失は次のとおりです。

・燃えがらの中の未燃分による損失（燃料の一部が燃えていない）。
・不完全燃焼による損失（燃料の一部が完全燃焼していない）。
・ボイラー壁などからの熱の逃げ。
・高温な排ガスの持つ熱として排出されることによる損失。

　上記の中で最も損失が大きいのは、排ガスの熱として排出されるケースです。排ガス損失を減らすには、空気比 $m$ を小さくし、完全燃焼が重要です。

## ●大気汚染物質とその抑制

　燃料に含まれる成分は、燃料の種類によって変化しますが、主に炭素、水素、酸素、窒素、硫黄などです。ここに空気が混合して燃焼した結果、表 5-9-2 のような汚染物質が生成され、表 5-9-3 のような抑制方法があります。

表 5-9-2 主な大気汚染物質

| 汚染物質 | 主な性質など |
|---|---|
| 窒素酸化物（NOx） | 窒素が参加して生成する有害物質。NOx は、光化学スモッグや酸性雨の原因となる。 |
| サーマル NOx | 高温な燃焼ガス中で空気中の窒素が酸素と反応して生成する NOx をサーマル NOx と呼ぶ。高温な燃焼ガス中で酸素と窒素が反応して発生する。 |
| フューエル NOx | フューエル NOx は燃料に含まれる窒素から発生する NOx を指す。 |
| 硫黄酸化物（SOx） | 燃料に含まれる硫黄分は、燃焼して $SO_2$ などの硫黄酸化物になる。硫黄酸化物は、呼吸器系、循環器系の障害、酸性雨などの原因となる。 |
| ばいじん | 固体燃料の燃焼によって、すすやダスト（灰）が発生する。液体燃料を燃焼させた際にも、すすなどのばいじんが発生する。 |

表 5-9-3 大気汚染物質の抑制方法

| 汚染物質 | 抑制方法 |
|---|---|
| 窒素酸化物（NOx） | NOx は、「温度が高い」「酸素濃度が高い」「高温に滞留する時間が長い」「燃料に N が含まれる」条件で発生しやすいため、以下の対策が有効。<br>燃焼温度を低くする。局所的にも温度を均一化する。<br>高温に滞留する時間を短くする。<br>炉内の酸素濃度を低くする。<br>燃料に窒素分を含まない燃料を使用する（フューエル NOx の低減）。<br>排ガス脱硝装置により NOx を浄化する。 |
| 硫黄酸化物（SOx） | 硫黄分が少ない燃料を使用する。<br>排ガス脱硫装置により SOx を浄化する。 |
| ばいじん | 空気比を適正に保ち、完全燃焼を図る。<br>すすなどが十分参加されるように、燃焼温度を高くする。<br>灰分、残留炭素が少ない燃料を用いる。<br>集塵装置を設ける。 |

# 第 6 章

# 関係法令

　ボイラーは熱エネルギーを発生させる重要な装置であり、その運用はさまざまな法律や規制により厳密に制限されています。特に、ボイラーに関連する法律や規制は、装置の設計、製造、設置、運用、保守に関わるすべての側面をカバーしています。

# 6 -1 労働安全衛生法に定める ボイラー

　ボイラーは、労働安全衛生法および労働安全衛生法施行令によって規制されています。労働安全衛生法においては、ボイラーの規模（伝熱面積、圧力など）の違いにより、小型ボイラー、小型ボイラーよりもさらに規模が小さい簡易ボイラー、および規模の大きいボイラーに区分されています。

## ●小型ボイラー

　小型ボイラーは、労働安全衛生法施行令第1条第4号に定めるボイラーです。小型ボイラーおよび小型圧力容器構造規格に基づく製造、製造時または輸入時に個別検定の受検、設置時の設置報告、1年に1回の定期自主検査などが義務付けられています。

## ●簡易ボイラー

　簡易ボイラーは、労働安全衛生法施行令第13条第25号に定めるボイラーです。簡易ボイラー等構造規格の遵守が義務付けられていますが、都道府県労働局、労働基準監督署または登録性能検査機関などによる検査は義務付けられていません。

## ●ボイラーおよび小規模ボイラー

　簡易ボイラーおよび小型ボイラーのいずれにも該当しない規模の大きいボイラーです。製造許可をはじめ、製造または輸入、設置などの各段階での都道府県労働局などによる検査が義務付けられます。また、比較的規模が小さいボイラーを小規模ボイラーと呼びます。

# 6-2 ボイラーの使用目的

労働安全衛生法では、ボイラーの使用目的により次の種類に区分されています。

## ●蒸気ボイラー

蒸気ボイラーは、水を加熱して蒸気を生成するためのボイラーです。主に工業プロセスや発電所などで使用されます。蒸気ボイラーは、燃料を燃やして熱を発生させ、その熱を水に伝えて水を加熱し、蒸気を生成します。効率的な熱エネルギーの利用やプロセスの制御が必要な場面で広く使用されてます。労働安全衛生法との関係については6-3節を参照ください。

## ●温水ボイラー

一般的には建物や施設の暖房や給湯などに使われるボイラーです。一般的には、ガスや重油、電気などのエネルギー源を使用して水を加熱し、それを建物内のラジエーターや床暖房、給湯装置などに送り込んで利用します。住宅やビル、ホテル、病院など、さまざまな建物で利用されており、快適な室内環境を維持するために重要な役割を果たしています。労働安全衛生法との関係については6-4節を参照ください。

## ●貫流ボイラー

主に日本の電力会社や工業プロセスなどで使用されるボイラーです。これは、燃料（通常は石炭や天然ガス）を燃やして発生した高温の燃焼ガスが、ボイラー内を一方向に「貫通（流れ抜ける）」するように設計されているボイラーです。貫流ボイラーは、燃焼ガスと水／蒸気を効率的に熱交換させ、蒸気を発生させるために使用されます。労働安全衛生法との関係については6-5節を参照ください。

## ●簡易ボイラー

以下に相当する蒸気管を取り付けた蒸気ボイラーは、簡易ボイラーに区分されます。

・最高使用圧力 0.1 MPa（ゲージ圧力で）以下で、伝熱面積 0.5 m² 以下
・胴の内径 200 mm 以下、胴の長さが 400 mm 以下
・伝熱面積が 2 m² 以下、大気に開放した内径 25 mm ゲージ圧力 0.05 MPa 以下、内径が 25 mm 以上の U 形立管を取り付けたもの

## ●小型ボイラー

以下に相当する蒸気管を取り付けた蒸気ボイラーは、小型ボイラーに区分されます。

・最高使用圧力 0.1 MPa（ゲージ圧力）以下で、伝熱面積 1.0 m² 以下
・胴の内径 300 mm 以下、胴の長さが 600 mm 以下
・伝熱面積が 3.5 m² 以下の蒸気ボイラーで、大気に開放した内径が 25 mm ゲージ圧力 0.05 MPa 以下、内径 25 mm 以上の U 形立管を取付けたもの

## ●ボイラーおよび小規模ボイラー

簡易ボイラーおよび小型ボイラーのいずれにも該当しないボイラーを単にボイラーと呼びます。また、以下に相当する蒸気ボイラーは、小規模ボイラーに該当します。

・伝熱面積が 3.0 m² 以下
・胴の内径 750 mm 以下、胴の長さが 1300 mm 以下

図 6-3-1　蒸気ボイラー

提供：株式会社サムソン

### 💬 労働安全衛生法

　労働安全衛生法は、労働者の安全と健康を保護するために制定された法律です。ボイラーは、熱エネルギーを生成する装置であり、使用や保守には特定の危険が伴います。そのため、労働安全衛生法はボイラーの適切な管理と安全対策を規定しています。労働安全衛生法は、ボイラーの設置、操作、点検、保守、修理などに関して、特定の基準や手順を定めています。法律では、ボイラーの安全性確保や事故予防のために、定期的な点検や保守、適切な設備の使用、作業員への適切な教育・訓練などが義務付けられています。労働安全衛生法は、ボイラーの運転者や管理者に対しても責任を負わせています。彼らは、安全な運転や定期的な検査、必要な修理・交換、労働者への指導などを行う必要があります。

# 6-4 温水ボイラーの適用区分

## ●簡易ボイラー

以下に相当する温水ボイラーは、簡易ボイラーに区分されます。

・最高使用圧力 0.1 MPa（ゲージ圧力）以下で伝熱面積 4 m² 以下

## ●小型ボイラー

以下に相当する温水ボイラーは、小型ボイラーに区分されます。事業者が行う「特別の教育」を受講したものが取り扱うことができます。

・最高使用圧力 0.1 MPa（ゲージ圧力）以下で、伝熱面積 8 m² 以下
・最高使用圧力 0.2 MPa（ゲージ圧力）以下で、伝熱面積 2 m² 以下

## ●ボイラーおよび小規模ボイラー

簡易ボイラーおよび小型ボイラーのいずれにも該当しない温水ボイラーを単にボイラーと呼びます。また、以下に相当する温水ボイラーは、小規模ボイラーに該当します。

・伝熱面積が 14 m² 以下

図 6-4-1　小型還流温水ボイラー

提供：三浦工業株式会社

---

### ⚠️ ゲージ圧力

　ボイラーは水や蒸気を生成する装置であり、その内部には水が加熱されて蒸気に変わるプロセスが進行しています。このプロセスによって生じる圧力をゲージ圧力と呼びます。ボイラー内の加熱によって水は蒸気へと変化し、その過程で圧力が増加します。この圧力を正確に把握するためには、ゲージ圧力を使用します。ゲージ圧力は、ボイラー内の圧力を示す尺度であり、一般的には気圧を基準として表されます。ゲージ圧力は、ボイラーの運転や安全性の管理に重要な役割を果たします。適切なゲージ圧力の設定により、ボイラーの効率的な運転と安全性を確保することができます。過度の圧力はボイラーに負荷をかけ、故障や事故の原因となる可能性があります。

# 貫流ボイラーの適用区分

## ●簡易ボイラー

以下に相当する貫流ボイラーは、簡易ボイラーに区分されます。

- 最高使用圧力 1 MPa 以下で使用する貫流ボイラーで、伝熱面積が 5 m$^2$ 以下
- 内容積が 0.004 m$^3$ 以下の貫流ボイラーで、その使用する最高のゲージ圧力を MPa で表した数値と内容積を m$^3$ で表した数値との積が 0.02 以下

## ●小型ボイラー

以下に相当する貫流ボイラーは、小型ボイラーに区分されます。事業者が行う「特別の教育」を受講したものが取り扱うことができます。

- ゲージ圧力 1 MPa 以下で使用する貫流ボイラーで、伝熱面積が 10 m$^2$ 以下

## ●ボイラーおよび小規模ボイラー

簡易ボイラーおよび小型ボイラーのいずれにも該当しない貫流ボイラーを単にボイラーと呼びます。また、以下に相当する貫流ボイラーは、小規模ボイラーに該当します。

- 伝熱面積が 30 m$^2$ 以下（気水分離器を有するものにあっては、当該気水分離器の内径が 400 mm 以下で、かつ、その内容積が 0.4 m$^3$ 以下のものに限る）

図 6-5-1　貫流ボイラー

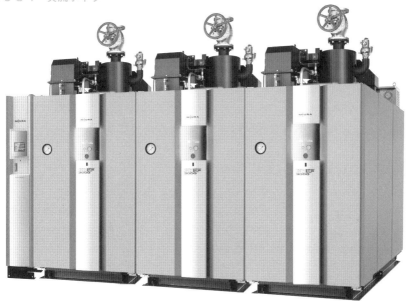

提供：三浦工業株式会社

# 6-6 製造、設置、検査までの規制

ボイラーの製造、設置、検査、その他の諸手続きは、都道府県労働局長に
行うものと、労働基準監督署長に行うものとがあります。

## ●所轄都道府県労働局長に行うもの

所轄（事業所の所在地を管轄する都道府県）都道府県労働局長に対して申
請して進めます（表6-6-1）。

表 6-6-1　都道府県労働局長に対する手続き

| 手続き | 申請内容 |
|---|---|
| 製造許可 | ボイラーを製造しようとする者が受ける。 |
| 溶接検査 | 鋼製ボイラーは溶接で製造されているが、溶接により製造されるボイラーは溶接検査への合格が必要。 |
| 構造検査 | ボイラー組立後に、構造検査に合格する必要がある。構造検査を受ける際には、以下の準備をして、検査に立ち会う必要がある。<br><br>・ボイラーを検査しやすい位置に置く。<br>・水圧試験の準備をする。<br>・安全弁（温水ボイラーの場合には逃がし弁）、水面測定装置を準備する。 |
| 使用検査 | 次の場合には、使用検査が必要。<br><br>・ボイラーを輸入した場合<br>・構造検査または使用検査を受けた後、1年以上設置されなかったボイラーを設置しようとする場合<br>・使用を廃止したボイラーを再び設置して使用しようとする場合<br>・外国においてボイラーを製造した場合 |

## ●所轄労働基準監督署長に行うもの

所轄労働基準監督署長に対して申請して進めます（表6-6-2）。

表 6-6-2　所轄労働基準監督署長に対する手続き

| 手続き | 申請内容 |
|---|---|
| 設置届 | ボイラー（移動式ボイラーを除く）を設置する場合、事業者は所轄労働基準監督署長に対して設置届に必要書類一式を添えて、工事の30日前までに提出する。 |
| 落成検査 | ボイラー（移動式ボイラーを除く）を設置した者は、ボイラーの配置、据付基礎、燃焼室、煙道の構造などについて、所轄労働基準監督署長による落成検査を受ける必要があります。落成検査に合格すると、ボイラー検査証が交付されます。ボイラー検査証の有効期間は、原則1年です。 |
| 性能検査 | ボイラー検査証の有効期間を更新するために、有効期間が満了する前に性能検査を受ける。性能検査は、所轄労働基準監督署長の他、登録性能検査機関（日本ボイラ協会など）でも受けることができる。 |
| 変更届と変更検査 | ボイラーの次の部分に変更（修繕や交換を含む）をする場合には、工事の30日前までに、変更届が必要。<br>・胴、ドラム、煙道、火室、天井板、鏡板、管板、管寄せ、ステー<br>・エコノマイザ、過熱器<br>・燃焼装置<br>・据付基礎 |

## ●休止報告と使用再開検査

ボイラー検査証の有効期間を超えてボイラーを休止する場合、有効期間内に所轄労働基準監督署長にボイラー休止報告を提出します。休止後、ボイラーを再び使用する場合には、所轄労働基準監督署長にボイラー使用再開検査申請書を提出し、使用再開検査を受けて合格すれば使用が可能です。

## ●ボイラーの廃止

ボイラーの仕様を廃止したときには、遅延なく、ボイラー検査証を所轄労働基準監督署長に返還します。

# 6-7 ボイラー技士・ボイラー取扱作業主任者

## ●ボイラー技士

　ボイラーの取扱業務は、ボイラー技士が行います。ボイラー技士には、特級、一級、二級があります。なお、小規模ボイラーは、ボイラー技士の他にボイラー取扱技能講習修了者も取り扱いが可能です。

## ●ボイラー取扱作業主任者

　ボイラーの伝熱面積の合計に応じて、ボイラー取扱作業主任者を選任する必要があります。取扱作業主任者の資格によって、取り扱えるボイラーの伝熱面積の合計量は異なります。貫流ボイラーのみのは表6-7-1のとおりです。

表6-7-1　貫流ボイラーの取り扱い管理と免許の種類

| 資格 | 貫流ボイラーのみの伝熱面積 | |
|---|---|---|
| | 250 m$^2$ 以上 | 250 m$^2$ 未満 |
| 特級ボイラー技士 | ○ | ○ |
| 一級ボイラー技士 | ○ | ○ |
| 二級ボイラー技士 | | ○ |

　貫流ボイラーと廃熱ボイラーを混用する場合は表6-7-2のとおりです。

表6-7-2　貫流ボイラー以外の取り扱い管理と免許の種類
　　　　　（貫流ボイラーまたは廃熱ボイラーを混用する場合を含む）

| 資格 | 500 m$^2$ 以上 | 25 m$^2$ 以上 500 m$^2$ 未満 | 25 m$^2$ 未満 |
|---|---|---|---|
| 特級ボイラー技士 | ○ | ○ | ○ |
| 一級ボイラー技士 | | ○ | ○ |
| 二級ボイラー技士 | | | ○ |

小規模ボイラーのみを取り扱う場合は、資格による制限はありません。特級ボイラー技士、一級ボイラー技士、二級ボイラー技士、さらにボイラー取扱技能講習修了者資格者も表6-7-3に示す種類が扱えます。

表 6-7-3　小型ボイラーのみを取り扱う場合の条件

| ボイラーの種類 | 条件 |
|---|---|
| 蒸気ボイラー | 3 m² 以下 |
| 温水ボイラー | 14 m² 以下 |
| 蒸気ボイラー | 胴の内径 750 mm 以下、かつ胴の長さ 1300 mm 以下 |
| 貫流ボイラー | 30 m² 以下（汽水分離器を有し、その内径が 400 mm 以下で、かつ内容積が 0.4 m³ 以下のものに限る） |

## ●ボイラー取扱作業主任者の職務

ボイラー取扱作業主任者の職務の注意点を次に示します。

・最高圧力を超えて運転をしない。
・圧力、水位、燃焼用体を監視する。
・急激な負荷変動を与えないようにする。
・安全弁の機能、給水機能を保持する。
・1日に1回以上、水面装置の機能を点検する。
・適宜吹出しを行い、ボイラー水の濃縮を防ぐ。
・自動制御装置を点検、調整する。
・ボイラーに異常が認められる場合、直ちに必要な処置をとる。
・ばい煙の濃度、ボイラーの異常の有無を記録する。

**！ 労働基準監督署**

　ボイラーの運用と維持は、労働者の安全と健康を確保するために、厳格な規制と監督の対象となっています。労働基準監督署は、労働安全衛生法の下で、労働環境の安全性と労働者の健康を保護するための一連の指針を定めています。ボイラーの運用に関連する労働安全衛生法の一部は次のとおりです。

- **安全装置**：ボイラーには、適切な安全装置が設置されていなければなりません。これは、予期しない事態や潜在的な危険から労働者を保護するためです。
- **適切な維持と検査**：ボイラーは定期的に保守と検査を受けなければなりません。これにより、ボイラーが安全に作動し、故障や事故を防止することができます。
- **教育と訓練**：ボイラーの運用に関わる労働者は、適切な教育と訓練を受ける必要があります。これは、労働者がボイラーの安全な運用方法を理解し、潜在的な危険を適切に対処できるようにするためです。

　これらの要件は、労働基準監督署によって定められ、監督されます。事業所はこれらの要件を遵守し、労働者の安全と健康を確保する責任があります。また、労働基準監督署は、労働法規の遵守を確認するための定期的な検査を行います。

# 第 7 章

# ボイラー技士の
# 仕事

　ボイラー技士は、ボイラーの操作、保守、修理を担当する専門家です。安全な運転を確保し、エネルギー効率を最大化するために必要な作業を行い、施設やプロセスのスムーズな運行に貢献します。

# 7 -1 ボイラー技士 1 日の仕事

　ボイラー技士の業務を理解いただくために「ボイラー技士 1 日の仕事」を紹介します。ボイラー技士が担当する業務のポイントを理解しましょう。

## ●朝

### 出勤と安全チェック

　通常、施設内の安全チェックを行い、ボイラーや関連する設備の異常や危険を確認します。

### 設備点検

　ボイラーや補助設備の点検を行います。機器が正常に作動しているかどうかを確認し、必要ならば調整や修理を行います。

### 運転準備

　ボイラーを運転する準備をします。燃料供給や排気システム、制御装置などをチェックし、適切な設定を行います。

## ●午前

### ボイラー運転

　ボイラーを稼働させ、運転を監視します。圧力や温度などをモニタリングし、安定した運転を確保します。

### 保守作業

　稼働中に必要な保守作業を行います。ボイラー内の清掃や部品の交換、潤滑などを行い、設備の寿命を延ばすためのメンテナンスを実施します。

### トラブルシューティング

　問題が発生した場合、原因を特定し、修理や対処を行います。効率的なトラブルシューティングが求められます。

## ●昼食

休憩をとり、エネルギーを補給します。

## ●午後

### 運転とモニタリングの継続

ボイラーの運転とモニタリングを続けます。シフト中は安定した運転を維持し、異常がないかを確認します。

### 予防保全

設備の状態を定期的にチェックし、予防保全を実施します。予防的なメンテナンスによって、問題を未然に防ぎます。

### 記録と報告

運転データやメンテナンス履歴を正確に記録し、報告書を作成します。これにより設備の運用状況やトラブルの履歴を把握することができます。

## ●夕方

### 運転終了

シフト終了前にボイラーの運転を終了し、安全な停止手順を実行します。

### 施設の清掃

ボイラー室などを清掃し、整理整頓を行います。

### 次のシフトへの引き継ぎ

次のシフトのボイラー技士に対して、その日の運転状況やメンテナンスの進捗状況などを引き継ぎます。

# 7-2 ボイラー技士の主な仕事

　ボイラーの主な仕事と関連する要点を以下に示します。ボイラーの安全な運転と適切な保守により、生産プロセスや設備の稼働を確保し、効率的なエネルギー利用を実現します。

## ●蒸気生成

　ボイラーは水を加熱して蒸気を生成します。この蒸気はプロセスや設備の動力源として使用されます。ボイラーは燃料（石油、ガス、バイオマスなど）を燃やし、その熱を水に伝えて蒸気を生成します。生成された蒸気は配管を通じて各設備に供給されます。

## ●制御と監視

　ボイラーの運転はボイラー技士によって監視されます。適切な温度、圧力、流量などのパラメータを維持しながら、ボイラーの安全な運転を確保します。自動制御システムも使用され、必要なパラメータが外れた場合には自動的にボイラーを停止する必要があります。

## ●点検と保守

　ボイラーは定期的な点検と保守が必要です。これにはボイラー内部のクリーニング、部品の交換、潤滑などが含まれます。点検の頻度と内容はボイラーの種類や使用状況によって異なります。定期的な点検によって効率の維持と故障の予防が図られます。

## ●安全性の確保

　ボイラーは高温や高圧の危険を伴う設備であるため、安全性が最優先です。ボイラー技士は適切な訓練を受け、運転中の安全な操作を確保します。過圧や過熱を防ぐための安全弁や制御装置、火災防止装置が備えられています。

## ●環境への影響と規制

　ボイラーの燃焼プロセスは排ガスを発生させます。これらの排ガスは大気中に放出される前に適切に処理される必要があります。環境保護法や規制に従い、排気ガスの浄化装置の運転と保守が行われます。

## ●エネルギー効率の最適化

　ボイラーの効率を最大限に引き出すために、燃料の選択や燃焼プロセスの最適化が行われます。効率の向上はエネルギーコストの削減につながります。

## ●トラブルシューティング

　ボイラーが異常を示す場合、ボイラー技士はトラブルシューティングを行い、問題の特定と修復を行います。これには診断機器の使用や技術的な専門知識が必要です。

図 7-2-1　ボイラーの水圧検査

ボイラーの安全な運転と適切な保守を実施することで、効率的なエネルギー供給と安全性が確保されます。

## ●安全設備の保守

ボイラーは高温や高圧を扱う設備であるため、安全設備（安全弁、制御弁、圧力計など）の適切な保守が重要です。これらの装置は適切に動作し、必要なときに過圧や過熱を防ぐ役割を果たします。

## ●水処理とボイラー水の管理

ボイラー内部の水質を適切に管理することは、腐食やスケールのリスクを低減するために不可欠です。適切な水処理装置を使用して、ボイラー水の質を維持します。

## ●燃料供給と燃焼

適切な燃料供給と燃焼管理は、効率的なボイラー運転の鍵です。燃料の供給量や燃焼条件を適切に調整し、完全な燃焼が行われるようにします。不完全な燃焼は効率低下や有害物質の排出を引き起こす可能性があります。

## ●定期的な点検と保守

ボイラーは定期的な点検と保守を受ける必要があります。内部の清掃、部品の交換、潤滑、ベルトや配管などを点検します。点検計画を実行し、ボイラーの寿命を延ばし、安全性を確保します。

## ●排ガスの処理

ボイラーから発生する排ガスには有害物質が含まれることがあります。排ガスの処理装置を適切に保守し、大気中への排出前に浄化することで、環境への影響を最小限に抑えます。

## ●操作員の訓練と適切な手順

ボイラーの操作員は適切な訓練を受け、運転やメンテナンスの手順を熟知している必要があります。安全手順の遵守と緊急時の対応能力を確保することで事故を防ぎます。

## ●火災予防と消防設備

ボイラーは高温で作動するため、周囲の火災リスクに注意を払う必要があります。消防設備の点検と訓練を行い、火災の発生を防ぐための対策を講じます。

図 7-3-1　水処理施設のメンテナンス

# 7-4 ボイラー技士の主な仕事 ホテル・旅館

　ホテルでも空調管理や温水供給にボイラーが利用されており、多くの場合、地下に大型のボイラールームが設けられています。ボイラーの規模に応じて、ボイラー技士の配置が必要となることが多いです。

## ●ホテル内の施設管理

　ホテル内の施設管理は、設備の点検やメンテナンスだけでなく、ボイラーを取り扱う業務も含まれます。このため、ボイラー技士の資格を持つことで、自身のスキルを最大限に活用することができます。

　ホテル施設管理スタッフの採用においては、資格を有する候補者は優先されることが一般的であり、管理職候補の場合には、二級ボイラー技士の資格取得が必須条件となることもあります。客室や浴場などへのお湯供給を担うボイラー設備に問題が生じると、ホテル全体の運営に支障をきたす可能性があるため、日常的な点検とメンテナンスが極めて重要です。ホテルによってはボイラーの管理だけでなく、他の業務も兼務することがあります。

## ●旅館の営繕とボイラー技士

　営繕業務は、旅館施設の点検や修繕などを担当する重要な役割です。多くの旅館が温泉をアピールポイントとしているため、温泉の加温やお湯供給を担うボイラーは、旅館運営において極めて重要な役割を果たします。

　ボイラーが正常に稼働するためには、日常的な点検と適切な管理が欠かせず、そのためには資格取得が必要です。旅館の規模によっては、清掃や警備などの裏方業務や、サービス提供などと兼務される場合もあるため、採用時には詳細に確認することが大切です。

## ●施設責任者とボイラー技士

　一部の旅館やホテルでは、専門の施設管理スタッフを雇わずに、施設責任者がボイラー技士の資格を取得してボイラー管理に取り組むこともあります。

　施設全体を統括する支配人やナイトマネージャーがボイラー技士の資格を持つことで、ボイラーに関する問題にも素早く対処することが可能となります。ホテルや旅館のボイラーは絶え間なく稼働しているため、施設全体を管理する責任者が資格を持つことで、トラブルへの迅速な対応が保証されます。

図 7-4-1　冷暖房システム

# 7-5 ボイラー技士の主な仕事 建設現場

　ボイラー技士は、ボイラーの設計、建設、運転、保守、修理に精通し、厳しい安全基準や法律を遵守する責任を有しています。ボイラーの適切な運転と保守は、労働者と環境の安全を確保するために重要です。

## ●建設現場での役割とスキル

　建設現場でのボイラー施工において、ボイラー技士は設計図や仕様書に基づいて作業を監督します。品質基準と規格に準拠した作業の進行を確認します。問題が発生した際には、ボイラー技士は迅速に原因を特定し、適切な対策を講じる能力が求められます。ボイラーのトラブルシューティングには高度なスキルが必要です。

## ●安全と環境配慮

　ボイラー技士は安全を最優先に考える必要があります。高温や高圧の状態での作業は危険を伴うため、適切な防護装備の使用と手順の遵守が必要です。また、建設現場でのボイラー作業には適切な資格と免許が必要です。環境に配慮するためには、排出ガスや廃水の処理方法を適切に理解し、環境への影響を最小限に抑える努力が必要です。

## ●建設現場でのコミュニケーション

　建設現場では複数の専門家が協力して作業を進めます。ボイラー技士は他の関係者と円滑なコミュニケーションを取り、協力してプロジェクトを成功させるために努力します。

## ●メンテナンスと機器の寿命延長

　ボイラーは定期的なメンテナンスが必要です。ボイラー技士は適切なタイミングでメンテナンスを行い、機器の寿命を延ばす役割を果たします。

図 7-5-1　ボイラーによる発電

# 7-6 ボイラー技士の主な仕事 病院・医療施設

## ●病院のボイラーシステム

　病院は 24 時間医療サービスを提供するため、ボイラー技士は病院内のボイラーシステムを効果的に運用・保守し、連続的なエネルギー供給を確保します。

　また、ボイラー技士は排出ガスや排水の影響を最小限に抑えるため、効果的な排ガス処理や排水管理を実施します。病院のボイラーシステムに障害が生じた場合、ボイラー技士は迅速に対処して、サービスの中断を最小限に抑えることが求められます。

　定期的なメンテナンスも重要です。ボイラー技士は適切なタイミングで点検と保守作業を行い、機器の正常な動作を確保します。ボイラー操作は高温や高圧を伴うため、安全対策が必須です。ボイラー技士は、安全な操作と適切な防護装備の使用を確保する必要があります。

## ●ボイラー技士の責務

　病院は衛生規則や感染症対策を厳守する必要があり、ボイラー技士は感染リスクを最小限に抑え、清潔な環境を維持する役割があります。病院の運営には、医療スタッフとの協力が不可欠です。

　ボイラー技士は円滑なコミュニケーションを図ることで、病院の災害や緊急事態に備えた適切な対応が求められます。エネルギー供給の維持や緊急停止手順の理解も必要です。

　病院でのボイラー業務は地域や国の法的規制が適用され、ボイラー技士は適切な免許や許可を取得し、法令を順守する責任があります。技術の進化や新たな規制に適応するため、ボイラー技士は継続的な教育と訓練を受ける必要があります。

図 7-6-1　病院内の圧力計

### 病院のボイラーシステム

　病院のボイラーシステムとは、病院内で温水や蒸気を供給するために使用される熱供給システムのことです。ボイラーシステムは、建物内の暖房や温水供給、蒸気を使用する医療機器の動力源として重要な役割を果たしています。このシステムは、通常、ボイラーという装置を使用して温水や蒸気を生成し、それを配管を通じて建物内の異なる部分に送ります。病院内の熱供給が安定して行われることは、患者の快適さや医療設備の正常な動作に必要不可欠です。ボイラーシステムは適切な保守と管理が必要であり、燃料供給やシステムの効率を最適化するための専門知識が求められます。病院の運営において、熱供給システムの順調な運用は患者の安全と快適さを確保するために欠かせない要素です。

# 7-7 ボイラー技士の主な仕事 工場・施設

　ボイラー技士は、工場や施設のエネルギー供給や生産プロセスにおいても不可欠な役割を果たしています。安全性と効率性を確保しながら、ボイラーの運転と保守を行うことが求められます。

## ●ボイラーの運転と点検・保守

　ボイラーの運転では、制御パネルを操作して適切な圧力、温度、水位を維持します。定期的な点検や保守作業を実施して、ボイラーの効率と安全性を確保します。故障やトラブルが発生した際には、診断を行い修理作業を行います。

## ●清掃や部品交換・修理

　ボイラーシステムの運転中や保守作業中に安全な状態を維持するための対策を講じることが重要です。そのための部品の交換や修理手順に対して理解が必須です。

## ●メンテナンス計画

　運転データや点検結果を記録し、報告書を作成することで、ボイラーの状態やトラブルの傾向を把握し、効果的なメンテナンス計画の策定に役立てます。ボイラーシステムは高温・高圧を扱うため、安全対策の徹底も重要です。

## ●法律と規制への適合・環境への配慮

　ボイラー技士は、法律や規制に基づいて作業を行う責任があります。運転免許や証明書の取得が必要な場合もあります。ボイラーシステムの運転や保守作業が環境へ与える影響にも気を配り、廃棄物の適切な処理やエネルギー効率の向上にも努めます。

## ●専門知識の向上と役割の重要性

　工場内の他のチームや関係者とのコミュニケーションも重要です。運転状況や作業計画について適切に情報を共有する必要があります。技術や安全基準は常に進化しています。新しい情報や技術に対する学習意欲を持ち、専門知識を継続的に向上させることが重要です。

図 7-7-1　工場内の施設

# 第 8 章

# ボイラー技士の
# 免許取得

　ボイラー技士の免許取得は、産業界で重要な役割を果たす技術者としてのスキルを証明する一歩となります。本章では、ボイラー技士の免許を取得するために理解が必要な基本的な知識をまとめてみました。

# 8 -1 ボイラー技士免許試験

　ボイラー技士の免許取得には、専門的学習や実務経験が必要です。また、安全な作業環境を確保し、設備を正確に運用する役割が求められます。

## ●ボイラー技士免許試験の概要

　ボイラー技士の資格区分は、二級は伝熱面積の合計が 25㎡ 未満、一級は 25㎡ 以上 500㎡ 未満、特級は 500㎡ 以上のボイラーを取り扱うことができます。試験は、二級が毎月、一級が年に 7 回（4 月・5 月・7 月・9 月・11 月・1 月・2 月）、特級が年に 1 回（10 月）実施されます。合格基準は、各級とも科目ごとの得点が 40% 以上で、かつ総得点が 60% 以上で合格となります。問題は、一級と二級が 5 つの選択肢から正解を 1 つ選ぶ形式、特級が記述式となります。なお、主催団体は以下のとおりです。

　公益財団法人安全衛生技術試験協会
　〒 101-0065　東京都千代田区西神田 3-8-1 千代田ファーストビル東館 9 階
　TEL 03-5275-1088

## ●受験申請

　免許試験受験申請書は、公益財団法人安全衛生技術試験協会本部、各センターまたは免許試験受験申請書取扱機関一覧に示す団体で無料配布しています。郵送を希望の方は、「免許試験受験申請書（受験する試験の種類を記載）の必要部数、連絡先（昼間連絡がとれる電話番号）」を明記したメモ書きと返信用郵送料金分の切手を貼った宛先明記の返信用封筒（角型 2 号封筒縦 34cm、横 24cm の大きさ）を同封し、当協会本部または受験を希望する当協会の各センターに郵送します。受験料は、6,800 円（非課税）です（2023 年時点）。

なお、各級の受験者数と合格率は、表 8-1-1 ～表 8-1-3 のとおりです。

表 8-1-1　二級ボイラー技士免許の受験者数と合格率

| 実施年 | 受験者数 | 合格者数 | 合格率（%） |
|---|---|---|---|
| 2022 年 | 23,978 | 12,227 | 51.0 |
| 2021 年 | 24,260 | 12,953 | 53.4 |
| 2020 年 | 16,098 | 9,400 | 58.4 |

表 8-1-2　一級ボイラー技士免許の受験者数と合格率

| 実施年 | 受験者数 | 合格者数 | 合格率（%） |
|---|---|---|---|
| 2022 年 | 4,515 | 2,032 | 45.0 |
| 2021 年 | 4,325 | 2,098 | 48.5 |
| 2020 年 | 3,100 | 1,577 | 50.9 |

表 8-1-3　特級ボイラー技士免許の受験者数と合格率

| 実施年 | 受験者数 | 合格者数 | 合格率（%） |
|---|---|---|---|
| 2022 年 | 466 | 112 | 24.0 |
| 2021 年 | 466 | 98 | 21.0 |
| 2020 年 | 430 | 125 | 29.1 |

●**免許の申請**

　免許試験合格通知書を受理されたら、都道府県労働局、各労働基準監督署および各センターで配布している免許申請書に必要事項等を記入（貼付）し、免許試験合格通知書および必要書類を添付のうえ、東京労働局免許証発行センターに免許の申請をしてください。手続きをしないと免許証は交付されません。また、満 18 歳に満たない者には免許証は交付されません。満 18 歳（20歳）になってから免許申請をしてください。詳しくは、厚生労働省のホームページを参照してください。

# 8 -2 二級ボイラー技士の免許取得

## ●免許試験の受験資格

　二級ボイラー技士免許試験に、受験資格はありません。どなたでも受験することができます（ただし、本人確認証明書の添付が必要です）。

## ●免許を受けることができる者

　二級ボイラー技士免許を受けるには、下記が必要となります。

（1）次のいずれかに該当する者で、二級ボイラー技士免許試験に合格した者（一部抜粋）。

・学校教育法による大学、高等専門学校、高等学校などにおいてボイラーに関する学科を修め3か月以上の実地修習を経た者
・6か月以上ボイラーの取り扱いの実地修習を経た者
・都道府県労働局長または登録教習機関が行ったボイラー取扱技能講習を修了し、4か月以上小規模ボイラーを取り扱った経験がある者
・登録ボイラー実技講習機関が行うボイラー実技講習（20時間）を修了した者
・熱管理士免状〔エネルギー管理士（熱）免状も該当〕を有する者で、1年以上の実地修習を経た者
・海技士（機関3級以上）免許を受けた者
・海技士（機関4，5級）の免許を有する者で、伝熱面積の合計が25 m$^2$以上のボイラーの取り扱い経験者
・ボイラー・タービン主任技術者（1種，2種）免状を有する者で、伝熱面積の合計が25 m$^2$以上のボイラーの取り扱い経験者

（2）職業能力開発促進法（昭和44年法律第64号）第27条第1項の準則訓練である普通職業訓練のうち、職業能力開発促進法施行規則（昭和44年労働省令第24号）別表第2の訓練科の欄に定める設備管理・運転系ボイラー運転科又は同令別表第4の訓練科の欄に掲げるボイラー運転科の訓練（通信の方法によって行うものを除く）を修了した者

（3）厚生労働大臣が定める者

　免許交付申請および免許証発行について詳しくは、厚生労働省東京労働局ホームページをご参照ください。

## ●試験科目とその範囲

　試験科目とその範囲を表8-2-1に示します。

表8-2-1　二級ボイラー技士免許試験の試験科目と範囲

| 試験科目 | 範囲 |
|---|---|
| ボイラーの構造に関する知識<br>10問（100点） | 熱および蒸気、種類および型式、主要部分の構造、付属設備および付属品の構造、自動制御装置 |
| ボイラーの取り扱いに関する知識<br>10問（100点） | 点火、使用中の留意事項、埋火および付属装置および付属品の取り扱い、ボイラー用水およびその処理、吹出し、清浄作業、点検 |
| 燃料および燃焼に関する知識<br>10問（100点） | 燃料の種類、燃焼方式、通風および通風装置 |
| 関係法令<br>10問（100点） | 労働安全衛生法、労働安全衛生法施行令および労働安全衛生規則中の関係条項、ボイラーおよび圧力容器安全規則、ボイラー構造規格中の付属設備および付属品に関する条項 |

# 8 -3 一級ボイラー技士の免許取得

## ●免許試験の受験資格

一級ボイラー技士免許試験の受験には、下記の資格が必要です。

- 二級ボイラー技士の免許を有する者
- 学校教育法による大学、高等専門学校、高等学校などでボイラーに関する学科を修め卒業した者で、その後1年以上の実地修習を経た者
- 熱管理士免状[エネルギー管理士（熱）免状も該当]を有する者で、1年以上の実地修習を経た者
- 海技士（機関3級以上）免許を有する者
- ボイラー・タービン主任技術者（1種、2種）の免状を有する者で、伝熱面積の合計が25m² 以上のボイラーの取り扱い経験者
- 保安技術職員国家試験規則による汽かん係員試験に合格した者で、伝熱面積の合計が25m² 以上のボイラーの取り扱い経験者

## ●免許を受けることができる者

一級ボイラー技士免許を受けるには、下記が必要となります。

- 二級ボイラー技士試験免許を受けた後、2年以上ボイラー（小規模ボイラーおよび小型ボイラーを除く。以下同じ）を取り扱った経験がある者または当該免許を受けた後、1年以上ボイラー取扱作業主任者としての経験がある者で、一級ボイラー技士免許試験に合格した者
- ボイラーおよび圧力容器安全規則第101条第2号ロまたはハに掲げる者で、一級ボイラー技士免許試験に合格した者

試験科目とその範囲を表 8-3-1 に示します。

表 8-3-1　一級ボイラー技士免許試験の試験科目と範囲

| 試験科目 | 範囲 |
|---|---|
| ボイラーの構造に関する知識<br>10問（100点） | 熱および蒸気、種類および型式、主要部分の構造、材料、据付け、付属設備および付属品の構造、自動制御装置 |
| ボイラーの取り扱いに関する知識<br>10問（100点） | 点火、使用中の留意事項、埋火、付属装置および付属品の取り扱い、ボイラー用水およびその処理、吹出し、損傷およびその防止方法、清浄作業、点検 |
| 燃料および燃焼に関する知識<br>10問（100点） | 燃料の種類、燃焼理論、燃焼方式および燃焼装置、通風および通風装置 |
| 関係法令<br>10問（100点） | 労働安全衛生法、労働安全衛生法施行令および労働安全衛生規則中の関係条項、ボイラーおよび圧力容器安全規則、ボイラー構造規格中の付属設備および付属品に関する条項 |

⚠ ボイラー技士の仕事は厳しい？

　ボイラー技士の仕事は一般的に厳しいといえる場合もありますが、個人の経験や状況によって異なります。ボイラー技士は安全性や環境への配慮が重要です。また、ボイラーの停止や故障が生産活動に影響を及ぼす場合もあるため、プレッシャーを感じることもあります。ボイラーの操作や保守には、ときには重い機器の取り扱いや労働が伴うことがあります。高温・高圧の環境下での作業や狭いスペースでの修理作業も含まれるため、体力や体力の状態が仕事の遂行に影響を与えることもあります。複数のボイラーが稼働する工場などでは、24時間体制での運転や保守が必要とされる場合があります。そのため、夜間や週末にシフト勤務を行うことがあるかもしれません。ただし、これらの要素がすべてネガティブなものではなく、多くのボイラー技士はその専門性や責任感からやりがいを感じています。

# 8 -4 特級ボイラー技士の免許取得

## ●免許試験の受験資格

特級ボイラー技士免許試験の受験には、下記の資格が必要です。

・一級ボイラー技士の免許を有する者
・学校教育法による大学、高等専門学校でボイラーに関する講座または学科目を修めて卒業した者で、その後2年以上の実地修習を経た者
・熱管理士免状［エネルギー管理士（熱）免状も該当］を有する者で、2年以上の実地修習を経た者
・海技士（機関1、2級）免許を有する者
・ボイラー・タービン主任技術者（1種、2種）の免状を有する者で、伝熱面積の合計が500m²以上のボイラーの取り扱い経験者

## ●免許を受けることができる者

特級ボイラー技士免許を受けるには、下記が必要となります。

・一級ボイラー技士試験免許を受けた後、5年以上ボイラー（小規模ボイラーおよび小型ボイラーを除く。以下同じ）を取り扱った経験がある者または当該免許を受けた後、3年以上ボイラー取扱作業主任者としての経験がある者で、特級ボイラー技士免許試験に合格した者
・ボイラーおよび圧力容器安全規則第101条第1号ロまたはハに掲げる者で、特級ボイラー技士免許試験に合格した者

## ●試験科目とその範囲

試験科目とその範囲を表 8-4-1 に示します。

表 8-4-1　特級ボイラー技士免許試験の試験科目と範囲

| 試験科目 | 範囲 |
|---|---|
| ボイラーの構造に関する知識<br>10 問（100 点） | 熱および蒸気、種類および型式、主要部分の構造および強度、材料、工作、据付け、付属設備および付属品の構造、自動制御装置 |
| ボイラーの取り扱いに関する知識<br>10 問（100 点） | 点火、使用中の留意事項、埋火、付属設備および付属品の取り扱い、ボイラー用水およびその処理、吹出し、損傷およびその防止方法、清浄作業、点検 |
| 燃料および燃焼に関する知識<br>10 問（100 点） | 燃料の種類、燃焼理論、燃焼方式および燃焼装置、通風および通風装置、熱管理 |
| 関係法令<br>10 問（100 点） | 労働安全衛生法、労働安全衛生法施行令および労働安全衛生規則中の関係条項、ボイラーおよび圧力容器安全規則、ボイラー構造規格 |

### 💬 ボイラー取扱作業主任者

　労働安全衛生法に定める作業主任者の 1 つであり、一定規模以上のボイラーを設置し取り扱う事業場において選任することが義務付けられています。選任されるには、特級・一級・二級の各ボイラー技士免許を所持しているか、ボイラー取扱技能講習を修了していることが必要とされます。技能講習の受講資格は特に制限はありません。一般社団法人日本ボイラ協会や公益財団法人ボイラー・クレーン安全協会の各支部が定期的に実施しています。小規模ボイラーの作業主任者となるための技能講習は 2 日間（14 時間）のカリキュラムがボイラー取扱技能講習です。

# ボイラー実技講習

ボイラー実技講習は、その受講・修了が免許交付要件の1つとして位置付けられる講習です。免許試験の受験前に受講できる他、免許試験に合格した後でも受講することができます。ボイラーの取り扱いなどの経験を得る機会のない方は、ボイラー実技講習を受講・修了することにより、二級ボイラー技士免許試験に合格であれば、免許を取得することができます。

## ●ボイラー実技講習の概要

ボイラー実技講習とは、法令で定められた20時間講習のことで、一般社団法人日本ボイラ協会では都道府県支部ごとに定期的に実施しています。

ボイラー実技講習は、二級ボイラー技士免許を取得するための講習として、東京労働局長登録ボイラー実技講習機関（登録番号第1号、登録の有効期間の満了日：令和6年3月30日）である当支部が行う登録講習です。

ボイラー実技講習の修了は、小規模ボイラーの取り扱い経験などの免許取得要件の1つとなります。実技講習を修了し、免許試験に合格すれば、免許を取得することができます。実技講習と免許試験はどちらが先でもかまいません。また、日本ボイラ協会支部では、受験準備講習会を開催しています。

**二級ボイラー技士受験準備講習会**
**開催日程**（学科2日・実習1日、計3日の講習です）
講習開始日の3か月前（土・日・祝日の場合は翌営業日）から申込みが可能となります。

**時間・場所**
講習 9：00～16：40、日本ボイラ協会講習室・実習室（港区新橋5-3-1）

**講習科目**

学科（2日）1.燃焼 2.付属設備および付属品の取り扱い 3.水処理および吹出し 4.点検及び異常時の処置、実習（1日）実習室において実習用の炉筒煙管ボイラー・鋳鉄製セクショナルボイラーを実際に焚いて、上記1〜4の学科について実習を行います。実習終了後、修了証が交付されます。

**受講料**

23,100円（本体21,000円＋税）受講料の他に教材費（テキスト代）が必要となります（2023年時点）。

---

**！ ボイラーの安全**

　ボイラーは高温・高圧の蒸気を生産する設備であり、適切な管理と運用がなされないと重大な事故を引き起こす可能性があります。したがって、ボイラーの安全対策は非常に重要です。ボイラーの故障や異常を早期に発見し、予防するためには定期的な点検が必須です。これには、機器の清掃、部品の摩耗具合の確認、密閉状態の検査などが含まれます。過度な圧力が生じた場合に蒸気を放出する安全弁、水位の低下を検知する低水位警報器など、ボイラーには多くの安全装置が取り付けられています。これらの装置が正常に動作するか定期的にテストし、故障時は速やかに修理・交換することが重要です。ボイラーの起動、運転、停止は、指定された手順に従って正確に行う必要があります。訓練を受けたボイラー技士が操作を行い、未経験者は操作を避けるようにすべきです。火災や蒸気の漏れ、異常な圧力の上昇などの緊急時のための対応策を事前に確立しておくことが必要です。

## ！ ボイラー技士に求められるこれからの資質

　日本の産業界において、ボイラーはなくてはならない存在となっています。発電や製造業の現場で、これを適切に管理・操作するボイラー技士たちは、その静かな存在感で産業の安全と効率性を支えてきました。では、今後の日本におけるボイラー技士の役割や展望はどのように変わっていくのでしょうか。

　近年、環境問題が全世界の大きなテーマとして浮上しています。これに伴い、ボイラーもよりエコフレンドリーで効率的なものへと進化を遂げています。新しい技術や材料、システムが導入される中で、ボイラー技士も常に最新の知識と技術を習得し続ける必要が出てきました。持続可能なエネルギーの取り組みが進む中、ボイラー技士の役割はさらに重要となるでしょう。産業界全体で進むデジタル変革の波は、ボイラーの管理や操作にも影響を与えています。IoT 技術の導入により、リアルタイムでのモニタリングや遠隔操作が可能となり、更なる効率化や省エネが求められています。ボイラー技士は、これらの新しい技術を活用するスキルも身につけることが重要となります。ボイラーの操作や管理において、最も大切なのはその安全性です。最新の技術や知識を活用して、事故を防ぎ、安全な作業環境を確保することがボイラー技士の大きな役割です。未来においても、この役割は変わらず継続されることでしょう。

　日本の産業界は、今後も多くの変革に直面することが予想されます。その中で、ボイラー技士はその専門知識と技術で、安全かつ効率的な産業活動の支えとなり続けることでしょう。時代の変化に柔軟に対応し、常に新しい技術や知識を追求する姿勢が、これからのボイラー技士に求められる資質となるでしょう。

# 付録 1

# 知っておきたい
# 熱と蒸気の基礎知識

　熱と蒸気の基礎知識は、エネルギーの移動と物質の変化に
関する基本的な考え方です。物体の温度差によって伝わる熱
や、液体が気体に変わる蒸気のことを指します。わかりやす
い言葉で、専門用語を極力使用せずに説明しています。

# 1. 熱とは

## ●熱の定義と特性

### 熱の定義

熱とは、物質の内部エネルギーの一種であり、温度差がある場合に物体間で移動するエネルギーのことを指します。つまり、高温から低温へエネルギーが流れる現象を**熱**と呼びます。

### 伝導（熱伝導）

物体同士が直接接触している場合、高温から低温へ熱が伝わる現象です。鍋の取っ手が熱くなるのは、鍋底の熱が伝導したためです。物体の温度差が大きいほど、熱の移動も速くなります。

### 対流（熱伝達）

液体や気体が移動することで熱が伝わる現象です。鍋で湯を沸かしているときに湯面（液面）まで速やかに熱が伝わるのは、熱い湯が上昇して対流しているからです。

### 放射

物体が電磁波（主に赤外線）を放出してエネルギーを伝える現象です。太陽の熱を感じるのも、太陽から放射される熱が地球に届いているためです。

## ●熱量の単位

熱量は、物体や物質が持つ熱の量を表す尺度です。これは、物質内部の分子や原子が動き回ることによって生じるエネルギーの量です。熱量は食品のカロリーや、暖房や冷房のエネルギーなど、さまざまな場面で重要な役割を果たします。

## カロリー

カロリーは、食品などの熱量を表す際によく使われる単位です。1カロリーは、水1グラム（g）を摂氏1℃で加熱する際に必要なエネルギーの量に相当します。

## ジュール

ジュールは、国際単位系（SI）に基づくエネルギーの単位です。1ジュールは、1ニュートン（N）の力で1メートル（m）の距離を移動する際に必要な仕事（エネルギー）です。カロリーとジュールの変換率は約1 kcal = 4.19 kJ（キロジュール）です。

### 💬 熱の不思議な性質

私たちの周りには気づかないだけで、多くの驚きや不思議が溢れています。熱という、日常で感じることのあるものも、その1つです。熱の性質には驚くべき特徴や興味深い現象がたくさん存在します。

その中から、熱の不思議な性質について少し探ってみましょう。夏の暑い日に鉄道のレールを見ると、隙間が開いているのを見かけることがあります。これは「熱膨張」という現象によるものです。物質は熱を受け取ると膨張し、冷えると収縮します。夏になると、レールは日光を受けて温かくなり、熱膨張を起こすのです。この隙間がなければ、レールが膨張して曲がってしまう可能性があります。水は0℃以下になると固まり、氷になりますが、0℃から4℃の間で水は一般的な物質とは逆に密度が増加します。そのため、冷えた湖の底部には4℃の水が沈殿し、上部には氷が形成されるのです。これがなければ、湖全体が氷で埋まってしまうかもしれません。「レオロジー」という学問は物質の流れの性質を研究するものです。中でも、「非ニュートン流体」というものがあります。これは、シンプルに言えば、通常の流動性を持たない液体のことです。例えば、トウモロコシ澱粉と水を混ぜたものは、ゆっくり押すと液体のように流れますが、強く押すと固体のようになります。私たちの日常には、熱の性質や物質の不思議な現象がたくさん潜んでいます。

# 2. 蒸気の性質

## ●水が蒸気になるしくみ

　液体の水が気体の水蒸気に変化する現象を気化と呼びます。水の蒸気化は、私たちの日常生活において、洗濯物を干すときやお風呂から上がった後に体が乾く様子などで見ることができる一般的な現象です。

### 加熱

　水が加熱されることにより、水分子の運動エネルギーが増加します。水分子は動き回ることで、液体の表面から気体の空間に脱出する（気化する）ためのエネルギーが得られます。

### 蒸発

　水分子は液体の表面で気化すると、高エネルギーを持つ水分子が液体から離れて気体に変わり、水蒸気として存在します。これを蒸発と呼びます。蒸発は通常、常温でも起こりますが、温められるとより速く進行します。

### 蒸気圧の平衡

　液体が蒸発して気体になる過程が進むと、気体の水蒸気と液体の水の間で蒸気圧の平衡が成り立ちます。つまり、液面にて液相（液体）と気相（気体）がバランスの取れた状態にあることを意味します。この平衡では、液体から気体への変化と、気体から液体への変化が釣り合った状態です。

### 沸騰

　液体を一定の温度に加熱し続けると、蒸気化が急速に進行し、液体内部から気泡を生じながら全体が沸騰する状態になります。この温度を**飽和温度**または**沸点**と呼びます。沸騰中は、液体と気体の蒸気が混在し、水蒸気が大量に発生します。

## ●蒸気の圧力と温度の関係

　蒸気の圧力と温度の関係は、気体が液体に変わる際の性質を説明する重要な考え方です。これは、ボイルの法則と結びついています。ボイルの法則によれば、一定量のガス（または蒸気）が一定の容器内で温度を変えずに圧力を変化させると、圧力と体積の積（P × V）は一定となります。この法則を蒸気の圧力と温度の関係に応用すると、次のような関係が成り立ちます。

### 温度の上昇に伴う圧力の増加

　温度が上昇すると、液体中の分子が蒸気へ移動するエネルギーが増えます。これにより、液体表面での蒸発が速くなり、結果として蒸気圧が増加します。言い換えれば、温度が上がると蒸気の圧力も高まります。

### 温度の低下に伴う圧力の減少

　温度が低下すると、分子の運動エネルギーが減少し、液体から蒸気への移行が減少します。その結果、蒸気圧が低下します。この関係は、液体と蒸気のバランスを保つ上で重要です。例えば、液体が封じられた容器内に存在する場合、一定の温度では液体の圧力と蒸気圧が平衡状態に達します。この平衡状態では、液体からの蒸発と蒸気からの凝縮（凝結）が釣り合っています。

　蒸気圧と温度の関係は、液体の沸点と密接に関係しています。液体の沸点は、液体の蒸気圧が外部の圧力と同じになる温度です。したがって、外部の圧力が変わると、液体の沸点も変化することになります。温度が上昇すると蒸気の圧力も上昇し、温度が下がると蒸気の圧力も下がるという関係を覚えておくとよいでしょう。

# 3. 熱と蒸気の動き

## ●燃料の熱エネルギーと水の加熱

　燃料は燃焼させることで熱エネルギーを放出します。例えば、木材、石炭、石油、ガスなどの燃料は、その中の分子や原子が保持している化学エネルギーを持っており、これが燃焼することで解放されます。この熱エネルギーは、主に燃焼反応による熱量として表されます。

　水の加熱は、水の温度を上昇させるプロセスを指します。水の温度を上昇させるには、外部から熱エネルギーを供給する必要があります。この熱エネルギーは、水分子の運動エネルギーを増加させ、水の温度が上昇する原因となります。

### 燃焼による熱エネルギー

　燃焼が起こると、燃料の化学反応によってエネルギーが放出されます。この放出されたエネルギーは、熱エネルギーとして周囲の物体や物質に伝わります。

### 水の加熱

　燃焼で発生した熱エネルギーを利用して、水を温めることができます。水分子はこの熱エネルギーを取り込み、その運動エネルギーが増加します。その結果、水の温度が上昇し、ときには液体が蒸気に変わることもあります。

### 蒸気の利用

　水が蒸気に変わると、その蒸気はさまざまな目的に利用されます。例えば、蒸気タービンを使って電力を発生させたり、暖房や工業プロセスで熱エネルギーとして利用されたりします。

## ●蒸気の生成と圧力制御

　蒸気の生成とは、液体から気体への変化のことを指します。これは、液体が熱されることによって分子の運動エネルギーが増加し、一部の分子が液体の表面から離れて気体の状態に移行する現象です。蒸気の生成は、液体と気体のバランスを保ちながら進行します。液体を加熱すると、蒸気の生成が増加します。

　圧力制御は、特定のシステムや容器内の圧力を適切な範囲に制御することを指します。蒸気の生成に関連して、圧力制御は以下のような重要な役割を果たします。

### ボイラーなどでの蒸気発生と圧力制御

　ボイラーや蒸気発生装置では、燃料を燃やして水を加熱し、蒸気を生成します。ここで重要なのは、蒸気の圧力を制御することです。適切な圧力制御を行うことで、安全性を確保しつつ、必要な蒸気量を得ることができます。

### 蒸気エンジンやタービンでの利用

　蒸気を動力源とする機械（蒸気エンジンやタービン）では、蒸気の圧力制御が重要です。適切な圧力を維持することで、エネルギー変換を効率的に行い、動力を得ることができます。

### 加熱や調理の制御

　蒸気を利用した加熱や調理においても、圧力制御が重要です。蒸気の圧力を調整することで、食材の調理時間や品質を管理することができます。

## ! 熱と蒸気の密接な関係

　熱と蒸気は、物体の温度とエネルギーの関係に密接に関わっています。熱は、温かいものから冷たいものへと自然に流れるエネルギーです。例えば、お湯を沸かすと、熱が鍋底から水に移動し、水が温かくなって蒸気が出ます。

　そして蒸気は、液体から気体への変化を指します。水を例にとると、湯を沸かすと水が蒸気に変わります。このとき、水は熱を吸収してエネルギーを得て、蒸気になります。この変化を蒸発といいます。

　蒸気は日常生活や産業でさまざまな用途に使われています。例えば、蒸気を使ったエンジンは、昔から機械を動かすために使われてきました。また、発電所でも蒸気が活躍しています。水を熱して蒸気をつくり、それを使って発電を行うのです。

　さらに、蒸気は料理や工場での加熱や冷却にも使われます。蒸気を使うことで、食べ物が均一に加熱されたり、製品がつくられたりします。また、冷房装置でも蒸気を使って、部屋の温度を調整することができます。

　要するに、熱と蒸気はエネルギーの移動や変化に関わる大切な要素です。熱が温度の違いから伝わり、蒸気が液体から気体への変化でエネルギーを持つことで、私たちの生活や産業が成り立っているのです。

# 付録2

ボイラー技士のための
知っておきたい用語集

　ボイラー関連の主要な専門用語について、その概念を説明します。ボイラー運転や保守、安全性向上のために役立つ1冊として、ボイラー技士のスキル向上に寄与することを望んでいます。

### 圧力

ある面に体して単位面積（1m²）あたりにかかる力を圧力と呼びます。ボイラー内部にかかる圧力は、加熱によって生成される蒸気や温水がボイラー内部を押し伸ばす力となり、適切な制御が安全性と効率に関わります。適切な圧力制御はボイラーの安全性と効率に影響し、過度の圧力は装置の損傷や事故の原因となります。したがって、ボイラーの運転や保守において正確な圧力管理が重要です。

### 圧力制限器

ボイラーにおいて、「圧力制限器」とは、安全装置の1つであり、ボイラー内部の圧力が安全な範囲内に保たれるように制御する装置です。過剰な圧力はボイラーの損傷や爆発のリスクを引き起こすため、圧力が設定された安全な限界値を超えると、制限器が作動して自動的にボイラーの運転を停止させます。

### 異常消火

ボイラーやその他の熱エネルギー装置において、異常な状態や危険が検知された際に自動的に過熱や火災を防ぐためのシステムや手順です。過熱や圧力異常、燃料供給の問題を検出すると異常消火機能が作動して燃焼を停止し、ボイラー内部の状態を安全な範囲に戻す役割を果たします。

### 一次空気

燃焼過程で燃料に供給される最初の空気のことです。燃料と一次空気が混ざり、燃焼が開始されます。適切な一次空気の供給は、効率的な燃焼とエネルギーの最大利用に重要であり、燃焼反応の調整や排ガスの質に影響を与えます。

### 火室

燃料が燃焼する場所のことです。燃料と一次空気が混ざり、高温で燃焼が起こり、熱エネルギーが発生します。この熱エネルギーは、ボイラー内の水や液体を加熱し、蒸気や温水を生成します。火室はボイラーの中心的な部分であり、効率的な燃焼とエネルギー生産の鍵となります。

### 過熱蒸気

ボイラー内で生成された蒸気が乾き、飽和蒸気になり、さらに加熱するとより高温な状態になります。これを過熱蒸気と呼びます。過熱により蒸気の温度が飽和温度以上に上昇し、熱エネルギーをより効率的に伝えることが可能となります。過熱蒸気は、発電所や工業プロセスなどで利用され、タービンなどの動力機械を駆動する際に高いエネルギー効率を実現します。

### 可燃性混合気

燃料（ガス、液体、粉末など）と空気が一定の割合で混ざった状態です。この混合気が特定の条件下で点火されると、燃焼が発生し、火災や爆発の危険性がある状態です。ボイラーなどの熱エネルギー装置においては、安全確保のために可燃性混合気の発生を避けるための適切な換気や点火源の管理が重要です。

### 乾き飽和蒸気

ボイラー内で生成された蒸気を水分（液相）がなくなるまで加熱した状態です。乾き飽和蒸気は、ボイラー内で湿り蒸気が加熱蒸気に変化する境目の状態であり、発電所や工業プロセスで動力や熱を供給する際に重要な役割を果たします。

### 逆火

ボイラー内で燃焼が正常に行われずに焚き口から火炎が炉外に吹き出る現象です。燃料と空気の供給が不適切な場合や、燃焼条件が乱れた際に発生します。逆火は燃焼効率を低下させ、ボイラーの正常な運転を妨げます。適切な運転や保守によって逆火を防ぐ必要があります。

### 蒸気圧力

ボイラー内で生成された蒸気がボイラーの容器や配管内にかかる圧力のことです。ボイラーの種類と運転状態に応じて、適切な圧力に制御されることで熱エネルギーを有効に利用できます。蒸気圧力はボイラーの設計、運転、保守において重要であり、安全性と効率に影響を与えます。

### 蒸気弁

ボイラー内で生成された蒸気の流れを制御する装置です。蒸気の圧力や量を調整し、必要な場所に蒸気を供給または遮断します。蒸気弁は安全性や効率の維持に重要で、適切なタイミングで開閉されることで、ボイラーと関連するシステムの正常な運転とコントロールが実現されます。

### 蒸留

液体の混合物を加熱して蒸気に変換し、その後冷却して再び液体に戻す過程です。ボイラー内で液体が加熱され、成分ごとに異なる沸点を持つ成分が蒸気として分離されます。次に蒸気を冷却し、再凝縮して純粋な成分を得ることができます。

### 全蒸発残留物

ボイラーで液体が蒸気に変換された後に残る未蒸発の物質です。液体中に含まれる固体や溶解物などが、蒸気生成過程で残る場合があります。これにより、ボイラー内部や配管が汚れる可能性があり、効率や安全性に影響を及ぼすことがあります。


●た

### 対流伝熱

ボイラー内で温かい液体や気体が上昇し、冷たい液体や気体が下降することで熱が伝わる現象です。温度の違いで流れが生じ、熱エネルギーがムラなく広がります。ボイラー内で熱が均等に分散され、効率的に熱が移動します。

## 脱気

ボイラーや熱交換器内の空気や不純物を取り除く作業です。空気やガスがボイラー内に残ると、熱伝導や効率が低下し、腐食や故障の原因となります。運転前や保守時に行われ、特定のポイントで空気やガスを排出することで、ボイラー内部の効率的な動作を保つ役割を果たします。

## 脱硫

ボイラーの燃焼過程で発生する硫黄を減らす作業です。硫黄は空気中に放出されると環境に悪影響を及ぼすことがあるため、脱硫処理によって硫黄を取り除き、環境への影響を軽減します。これは、煙突から排出されるガスをきれいにする方法の1つです。

## 通風抵抗

ボイラー内や周囲の空間で空気の流れが妨げられる程度を表すものです。空気がスムーズに流れないと、ボイラーの効率や燃焼が悪くなります。例えば、狭い配管や曲がり角、フィルターの詰まりなどが通風抵抗を引き起こす要因です。適切な通風抵抗の管理が大切で、効率的なエネルギー利用を確保するために注意が必要です。

## 定常偏差

ボイラーや制御システムで、目標とする値と実際の値との間にずっと残る違いです。つまり、システムがずっと目標に近づかない状態を表します。これがあると、システムの制御がうまくいかず、思うような性能が得られないことがあります。

## 伝熱面積

ボイラーや熱交換器内の、熱エネルギーが移動するための表面の大きさのことです。この面積が多いほど、熱の移動が速く効率的に行われ、エネルギーを有効に移動できます。料理用の鍋の広い底面が、熱を均一に広げるのと同じような原理です。ボイラーや熱交換器の伝熱面積を適切に設計することで、エネルギーのロスを少なくし、効率良く熱を利用できます。

### 二次空気

燃焼過程において燃料と一緒に供給される、追加の空気のことです。燃焼室内で燃料と一次空気が混ざり、火が点火された後、二次空気が供給されて燃焼を補助します。適切な二次空気の供給は、燃焼反応を最適化し、完全な燃焼や効率の向上に寄与します。ボイラーの安全性と効率を確保するために重要な要素です。

### 熱交換

ボイラーや熱交換器などで、熱いものと冷たいものがふれ合って熱が移動することです。例えば、ボイラーの中で燃料が燃えて熱いガスや蒸気ができると、それが水や液体に触れて熱を渡し、水を温めたりすることです。

### 熱損失

ボイラーや熱交換器などの装置から熱エネルギーが外部に逃げることです。断熱が不完全だったり、断熱材が劣化したりすると、熱が周囲に漏れてしまい、効率が低下します。熱損失を最小限に抑えるためには、適切な断熱や設計、保守が必要で、これによってエネルギーの無駄を防ぎ、コストを節約できます。

### 熱ひずみ

ボイラーや熱交換器などが加熱や冷却によって膨張・収縮し、そのために物体や部品が歪む現象です。熱による物質の膨張と収縮は、ボイラーの部品や配管に影響を及ぼし、歪みや損傷を引き起こす可能性があります。

### 熱量

物体や物質が持つ「熱エネルギー」の量です。単位はジュール（J）。ボイラーでは、例えばガスや石油を燃やすことで発生する熱の量を指します。この熱量が多いほど、より多くの熱エネルギーが得られます。つまり、燃料を燃やして得られる熱の「量」や「大きさ」を示す言葉です。ボイラーの性能やエネルギー効率を評価する際に重要な要素となります。

**燃焼ガス**

ボイラーや炉などで燃料が燃焼する際に発生するガスのことです。燃料(ガス、石油、石炭など)が酸素と反応して燃焼する過程で生成され、主に二酸化炭素、水蒸気、一酸化炭素などの成分を含みます。これらのガスは排気として煙突から放出され、環境への影響やエネルギー効率に関わる重要な要素です。

● は

**灰分**

石炭やバイオマスなどの燃料に含まれる、燃えない不純物や粒子のことです。これが燃焼中に残り、ボイラー内や排気ガス中に灰として残ることがあります。灰分の多い燃料は、ボイラーの中で邪魔をして効率を下げることがあります。

**飽和温度**

液体が飽和(沸湯)する温度のこと。ボイラー内で水が沸騰して蒸気に変わるときの温度です。この温度は、圧力によって異なります。例えば、お湯を沸かすときに、水が沸騰し始める温度が飽和温度です。ボイラーの設計や運転において、この温度を知ることは、エネルギー効率や安全な運転を考える上で重要です。

**飽和蒸気(湿り蒸気)**

ボイラー内で液体が蒸気に変わるとき、液体と気体が両方存在する状態の蒸気のことです。この状態では、水から蒸気への変化と蒸気から水への変化が釣り合っており、加熱すれば気体の割合が増えて、やがて乾き飽和蒸気になり、さらに加熱すると過熱蒸気になります。

　本書では、ボイラーを初めて学ぶ方に向けて、ボイラーでの熱エネルギー変換、種類、主な構造、運転操作の基本、燃料と燃焼の基礎なをを説明しました。ボイラーは私たちの生活に欠かせないことから、その性能向上や環境対応が継続的に進められています。

　本書を読んだ後、さらに詳細な内容を学んでいただくことをお勧めします。例えば、ボイラーの取り扱い業務に従事されている方は、ボイラー技士の資格取得にチャレンジしてはいかがでしょうか。

　あるいは、ボイラーの開発などに従事されている方は、ボイラー性能向上の基本となる熱力学、伝熱工学、流体工学、材料工学、制御工学などの専門分野を学ぶことで、ボイラーの要素技術向上のための基礎がマスターできると思います。ボイラーについてさらに深く学びたい方は、本書の参考文献を参照ください。

参考文献

2級ボイラー技士教本、日本ボイラ協会（2022）

改訂1級ボイラー技士教本、日本ボイラ協会（2022）

2級ボイラー技士試験公表問題解答解説、日本ボイラ協会

1級ボイラー技士試験公表問題解答解説、日本ボイラ協会

JSMEテキストシリーズ 熱力学、日本機械学会（2022）

吉田・岸本・木村・田中・飯島、基礎から学ぶ熱力学、オーム社（2016）

JSMEテキストシリーズ 伝熱工学、日本機械学会（2005）

西川・北山、図解 伝熱工学の学び方、オーム社（1982）

# 用語索引

■著者紹介

**飯島　晃良**（いいじま　あきら）　博士（工学）、技術士（機械部門）

日本大学 理工学部 教授 機械工学科

大学において、高効率エンジンの燃焼研究を通じ、危険物取扱の実務にも従事。講義では、熱力学、内燃機関、エネルギー変換工学、伝熱工学、機械工学実験、機械設計製図などを担当。学内外にて、技術士試験、危険物取扱者試験の受験対策、熱工学などの教育講座を担当。次世代内燃機関の研究により、日本機械学会奨励賞、自動車技術会浅原賞、日本燃焼学会論文賞、日本エネルギー学会奨励賞、SETC Best Paper などを受賞。

●装丁　　　　中村友和（ROVARIS）
●編集＆DTP　株式会社エディトリアルハウス

**しくみ図解シリーズ**
**ボイラー技士の仕事が一番わかる**

2023 年 12 月 19 日　初版　第 1 刷発行

著　者　飯島　晃良
発行者　片岡　巖
発行所　株式会社技術評論社
　　　　東京都新宿区市谷左内町 21-13
　　　　電話　03-3513-6150　販売促進部
　　　　　　　03-3267-2270　書籍編集部
印刷／製本　株式会社加藤文明社

定価はカバーに表示してあります。

ISBN978-4-297-13856-1　C3053
Printed in Japan

本書の内容に関するご質問は、下記の宛先まで書面にてお送りください。お電話によるご質問および本書に記載されている内容以外のご質問には、一切お答えできません。あらかじめご了承ください。
〒162-0846
新宿区市谷左内町 21-13
株式会社技術評論社 書籍編集部
「しくみ図解」係
FAX：03-3267-2271